建筑工程
质量管理与检测研究

董晓玲　张圣亮　王卜玮　著

延吉·延边大学出版社

图书在版编目（CIP）数据

建筑工程项目质量管理与检测研究 / 董晓玲，张圣
亮，王卜玮著. -- 延吉 : 延边大学出版社，2024. 5.
ISBN 978-7-230-06660-0

Ⅰ. TU712.3

中国国家版本馆 CIP 数据核字第 2024F9G598 号

建筑工程项目质量管理与检测研究

著　　者：董晓玲　张圣亮　王卜玮
责任编辑：魏琳琳
封面设计：文合文化
出版发行：延边大学出版社
社　　址：吉林省延吉市公园路 977 号　　　　邮　　编：133002
网　　址：http://www.ydcbs.com
E-m a i l：ydcbs@ydcbs.com
电　　话：0433-2732435　　　　　　　传　　真：0433-2732434
发行电话：0433-2733056
印　　刷：三河市嵩川印刷有限公司
开　　本：787 mm×1092 mm　1/16
印　　张：9.75　　　　　　　　　　　字　　数：200 千字
版　　次：2024 年 5 月　第 1 版
印　　次：2024 年 6 月　第 1 次印刷
ISBN 978-7-230-06660-0

定　　价：68.00 元

前　　言

如今，我国经济飞速发展，城市化进程也在日益加快，人们对居住环境和质量有了更高的要求，这就意味着施工单位需要更加努力来满足人们对居住环境和质量的要求。

我国建筑业发展迅速，但仍存在许多问题，所以我们应加强对建筑工程项目管理的投资和研究。建筑工程项目管理是建筑工程的重要管理手段，对建筑工程项目的开展有着重要影响。建筑工程项目管理涉及建筑工程项目合同管理、建筑工程项目施工成本管理、建筑工程项目进度管理、建筑工程项目质量管理、建筑工程项目安全生产与环境管理、建筑工程项目信息管理等。

我国曾经采用的是传统项目管理模式和方法，但随着经济的快速发展，传统项目管理模式和方法已不再适应当下的社会经济发展形势，建筑行业相关管理机制已经出现很多问题和矛盾，这些情况严重影响我国建筑行业的良好发展。当今社会对项目工程管理提出了更高的要求，如何满足现阶段对工程管理水平的需求是当前建筑工程管理工作发展的着力点。

目前，"质量为生存之本"的意识已成为建筑行业的共识，建筑市场的竞争已全面转化为工程项目质量的竞争。面对这种情况，正视建筑项目工程管理中存在的一系列问题，设法解决这些问题，实现建筑工程管理水平的跨越式提高，是进一步提升当前建筑工程管理工作的关键。

实际上，建筑工程项目管理系统是相当庞大的，主要有组织指挥系统、技术信息系统、经营管理系统、设备管理系统等多个系统，因此其管理难度较大。为了保证建筑工程项目的质量，建筑工程项目管理系统必须既高效又灵活。

建筑工程项目管理是一个复杂的过程，同时也具备一定的持续性。在建筑工程项目管理过程中，相关人员需根据建筑工程项目的需求、质量和环境等方面的特点，制定相应的解决措施。在建筑工程项目管理过程中，还应以动态化管理为核心，不断结合检验情况进行反馈，对建筑工程项目现状进行分析，提出相应的完善和优化策略。这些都是提高建筑工程项目管理水平的有效措施。

建筑工程项目管理涉及多个具体管理，每个管理都是不同的，都不同程度地影响着建筑工程项目管理。只有做好这些方面的管理，才能保证建筑工程项目的完成，实现质量好、成本低、效益高的基本建设目标。我国建筑工程项目管理工作开展的时间比较短，目前仍存在项目管理体制不健全、管理水平相对较低、管理人员的综合素质不高等问题。我们应从以上问题着手，分析问题的形成原因，不断深入研究，找到解决措施，并有针对性地进行改进和完善。

目　录

第一章 建筑工程项目及其质量管理

现代社会，建筑工程项目质量已经成为人们较为关注的问题，而建筑工程本身也是一项面向广大社会的系统工程，建筑工程项目质量会直接或者间接影响到社会经济的发展。建筑工程项目质量控制则贯穿整个建筑工程项目施工的全过程。为了保证建筑工程项目的质量，有必要建立建筑工程项目质量控制系统，确保建筑工程项目质量达到相关验收标准。

第一节 建筑工程项目管理概述

建筑工程项目管理贯穿工程施工的各个环节，包括组织、计划、指挥、协调等多项工作。建筑工程项目管理根据建设计划，在遵循客观的自然规律、经济规律的基础上，进行从工程施工准备，到竣工验收、回访保修等全过程的组织管理活动，用科学的思想、理论、手段实现生产要素的优化配置，从而控制投资，确保质量和安全，提高建筑工程项目的经济效益、社会效益和环境效益。

一、建筑工程项目管理的特点

从常规意义上来说，项目管理主要指利用有限的资源，对项目从开始到结束的全过程进行计划与管控，旨在能够实现初期的项目目标。而建筑工程项目管理涵盖的要素较多，是对建筑工程项目的全流程化管理。自立项开始至项目完成，在此期间与建筑工程项目有关的各大主体都要尽到自己的职责，这样才能保证建筑工程项目的质量。

建筑工程项目管理包括施工管理模式选定、承发包模式选择、组织结构设置等组织职能，以及施工方案选择、施工现场布置、工程目标管理、生产要素管理、商务管理等计划和控制职能，还包括施工现场指挥和协调职能。

建筑工程项目管理的特点如下：

（一）综合性

建筑工程项目管理涉及多个方面，如设计、监理、总承包商、分包商、供应商等工程施工参与方，要考虑的因素有建筑结构、建筑构造、地基基础、水暖电、机械设备、建筑材料等。此外，还要综合考虑技术问题、经济问题、工期问题、合同问题、质量问题、安全和环境问题、资源问题等。建筑工程项目管理是综合性管理工作，掌握多学科的知识并能综合运用的人才能胜任此工作。

（二）协调性

建筑工程项目管理过程还涉及城市规划、土地征用、消防、公用事业、环境保护、质量监督、科研实验、交通运输、银行财政、机具设备、电水气等，需要大量的统筹和协调工作。

（三）时效性

建筑工程项目管理主要在施工现场开展，因此讲究时效性。只有那些有着足够的现场管理经验的人才能顺利开展建筑工程项目管理工作，才能科学合理地进行资源整合。

（四）可变性

由于时间、地点、环境、资源等外部条件具有可变性，每个工程也是随施工项目的变化而变化的，所以，施工工程项目管理工作也具有可变性。

二、建筑工程项目管理的意义

当前，人类社会已经进入了信息时代，在科学技术尤其是信息技术不断发展的背景下，传统建筑工程项目管理模式已经发生了一些变化。人们为了减少施工阶段的返工、资源浪费等，开始利用诸如 BIM（Building Information Model，建筑信息模型）、模拟仿真技术等手段预判成本、控制造价，在施工开始前发现问题，从而进行项目优化。当前，我国大力推行建筑工程项目从传统生产方式向工业化生产方式过渡，这就意味着应以工业化生产方式进行工程建设。

建筑工程项目管理不同于一般的项目管理。从施工的角度来看，建筑工程项目管理模式可以分为两类：项目人员组织结构采用的管理模式和生产方式上所采用的管理模式。在施工阶段，建筑施工企业往往根据项目的特点、企业内外条件，以工程项目为对象，以项目经理为中心，以项目成本核算为前提，以项目承包为基础，以项目各项管理为条件，通过生产要素的优化配置和动态管理实现工程项目的合同目标，同时达到工程的经济效益和社会效益双赢的局面。

整个建筑工程项目的管理模式会对施工阶段产生较大的影响。建筑工程项目管理模式的选择会受国家及地方政策的推行、施工工艺和技术的进步、信息技术的发展以及国外先进管理理念的引进等因素的影响。项目的管理模式确定下来之后，承包商会根据已确定的建筑工程项目管理模式，选择高效的施工管理模式对项目进行综合管理。

当前，建筑企业普遍实行管理层与劳务层分离的管理模式，这是因为只有适宜的组织结构才能够使资源配置更加合理。常用的组织结构模式有职能组织结构模式、线性组织结构模式和矩阵组织结构模式等。组织结构模式和组织分工是相对静态的关系，组织结构模式和工作流程相结合就构成了一种从组织结构角度出发的施工管理模式。

合理、科学地确定建筑工程项目的约束条件对保证建筑工程项目的完成十分重要。施工的目标可以分为成果性目标和约束性目标，其中成果性目标是指项目的功能性要求，由一系列技术经济指标来确定，如一栋建筑物、一座桥梁、一个水坝、一座机场等；而约束性目标则是实现成果性目标的客观条件和人为约束的统称，是项目实施中必须遵循的种种条件，如要求的质量、限定的工期、限定的成本等。工程施工要求的质量、限定的工期、限定的成本等约束性目标都属于施工管理的主要目标，而这些目标之间是互相联系的。

建筑工程项目实施目标控制的目的在于排除各种干扰。建筑工程项目的目标控制主要包括施工项目、控制目标、控制主体、实施计划、实施信息、偏差数据、纠偏行为等。从控制者的角度来说，目标控制其实就是在输入资源转化为建筑产品的过程中，对受控系统进行检查、监督，收集工程进展的数据，与计划或标准进行比较，再根据比较后的偏差，进行直接纠正，或通过报告反馈修正计划或标准。在建筑工程项目的施工过程中，会产生一些人为的或者来自材料、机械设备的干扰因素，如工艺及技术干扰因素、资金方面的干扰因素、环境干扰因素等，这些因素的存在使建筑单位必须进行动态控制。

由此可见，建筑工程项目管理涉及组织、计划、指挥和协调等管理职能，贯穿建筑工程项目的全过程。从本质上来说，建筑工程项目管理的实质就是对有增值的施工转换过程的有效管理和在技术可行、经济合理的基础上的资源高度集成。近年来，随着社会经济的不断发展，人们在开展经济建设的同时，也越来越注重安全、节能和环保，这都对建筑工程项目管理提出了许多新要求。

三、建筑工程项目各参与方简介及其管理任务

（一）建筑工程项目各参与方简介

1.业主方

业主方就是甲方，是工程施工中各项生产资源的总集成者和总组织者，也被称为建设单位，是建筑工程项目的投资人或投资人专门为建筑工程项目设立的独立法人，是基本建设投资与建设行政管理体系中的重要角色。

2.承包方

承包方是具有项目施工承包主体资格的当事人或取得该当事人资格的合法继承人，也是施工承包合同中的乙方。承包方受项目发包人委托实施合同规定的施工项目，包括施工总承包方、施工分包方、施工劳务方等不同层次结构。

3.设计方

设计方通常是建筑设计院所，为项目提供建筑设计方案、工程设计图。业主选择设计单位后与其签订委托设计合同，设计单位负责提供设计方案和设计图，施工承包方依图施工。

4.监理方

监理方依据国家行业规范、标准以及项目相关合同、协议等文件条款的规定，为业主提供预算审核、主材验收、质量控制、工期控制等技术性服务，对合同承包商的施工生产进行监督和管理。监理是独立、公正的第三方。

5.材料和设备供应方

材料和设备供应方为工程实施提供材料和设备，向工程施工提供实体生产要素，为施工活动提供物质基础，可以由业主自行选择或者由施工总承包单位通过签订分包合同选定。

（二）建筑工程项目各参与方的管理任务

由上文可知，建筑工程项目参与方有多个，且承担着不同的任务和责任。除此之外，上述各参与方之间还是相互联系、相互依存的，存在着各种复杂的关系，可以归纳为以下三种：

第一，合同关系。业主与设计单位、监理单位、施工单位签订合同，双方按照约定承担相应的义务，行使各自的权利，这是合同关系。

第二，指令关系。监理单位与施工单位、供应商之间在项目实施过程中有着密切的工作联系，虽然彼此之间不存在合同关系，但是监理单位接受业主或项目公司的委托，有权对施工单位、供应商下达指令，这是指令关系。

第三，协调关系。设计单位与施工单位之间存在密切的工作关系，但既不是合同关系，也不是指令关系。在项目实施过程中，设计方案的变更需要设计单位和施工单位相互协作，这是协调关系。

在以上三种关系中，协调关系是施工阶段各参与方之间关系的中心，在建设工程项目实施的阶段，各参与方在已有合同框架下，承担自己的责任，行使自己的权利，为完成项目任务相互配合、密切协作。各参与方之间存在合同关系、指令关系，而这两种关系在项目实施过程中依靠协调关系来实现。总而言之，建筑工程项目各参与方都应当在自己的位置上发挥好自己的作用，完成各自的管理任务，确保项目的正常开展。

第二节 建筑工程项目管理组织

一、建筑工程项目管理组织的组成

建筑工程项目管理组织由多个部分组成，主要包括工程实施领导小组、项目组、系统分析和设计组、质量保证组、培训组等。其中，工程实施领导小组主要负责对整个建筑工程项目建设过程的计划、进度、质量等进行宏观监督，同时牵头开展项目组和各有关部门间的协调工作；项目组主要负责定期检查项目计划的完成情况和质量，承担整个项目全过程的所有管理职责，保证各小组工作的协调一致，保持技术上的一致性；系统分析和设计组主要负责需求分析、系统规划、架构设计、系统设计和原型设计；质量保证组主要负责审定大纲与细则、测试计划、评审计划，实施质量保证计划，对项目各阶段的质量进行监督与把关，及时向项目主管报告项目实施过程中产生的问题；培训组主要负责对用户方的有关人员进行系统的培训，对用户方的最终用户进行系统操作培训，制订培训计划，安排培训教员。

二、建筑工程项目管理组织的结构形式

建筑工程项目管理组织的主体包括项目经理、各职能部门以及部门人员。建筑工程项目管理组织的结构形式主要包括以下几种：

（一）直线式的结构形式

该形式的特点为统一领导、决策迅速。项目经理虽然拥有指导权、决策权，但也要承担较大的责任，这要求对项目经理的选择必须严苛，否则容易导致决策效率下降、信息流通速度变慢。

（二）职能式的结构形式

在职能式的结构形式中，每个工作部门可能得到直接和非直接的上级工作部门下达的工作指令，每个职能部门都可根据管理职能对直接和非直接的下属部门下达工作指令，这可以有效避免多个矛盾的指令源的形成。此种形式下，流程组织可分为以下几种：管理工作流程组织，如投资控制、进度控制、合同管理、付款和设计变更等工作流程组织；信息处理工作流程组织，如与生成月度进度报告有关的数据处理工作流程组织；物质流程组织，如钢结构深化设计工作流程组织、弱电工程物资采购工作流程组织、外立面施工工作流程组织等。

该形式以职能为依据来划分各个组织部门，优点在于职能管理专业化、分工较明确，但缺点在于不适用于那些子项目较多的工程，各职能部门的经理必须起到协调作用，子项目较多且工程规模较大的话，容易产生指令方面的矛盾。

（三）矩阵式的结构形式

该形式在结构上比其他形式复杂，适用于多项目的建筑工程，所有资源的调配都是为了实现项目目标，项目经理可以全面协调、指挥各职能部门，项目人员的交流效率会更高。但该形式的缺点在于多个项目同时推进，信息又具备双向流动的特点，每天需要处理的信息量较大，在做反馈时也会耗费一定时长。

三、建筑工程项目管理组织的管理模式

真正的、现代意义上的管理，都要通过一定的管理模式来实现。管理模式是在管理理念指导下建构起来的，由管理方法、管理模型、管理制度、管理工具、管理程序组成。目前常见的管理模式可分为以下几种：

（一）亲情化管理模式

亲情化管理模式主要利用家族血缘关系的内聚功能来实现对组织的管理。但当组织发展到一定程度的时候，亲情化管理模式就会出现问题，内聚功能也会转化成为内耗功能，因而被其他管理模式所替代。

（二）友情化管理模式

友情化管理模式同样具有一定的内聚力量，但是当组织发展到一定规模之后，如果不随着发展尽快调整这种管理模式，那么就必然会走向衰落。

（三）温情化管理模式

温情化管理模式强调调动人的内在作用，促进组织的发展。但是，过度强调人情味，不仅不利于组织的管理和发展，还有可能使组织失控。

（四）随机化管理模式

在现实中，随机化管理模式具体表现为两种形式：一种是独裁式管理，另一种是行政干预。这两种形式会导致组织的管理非常随意。

（五）制度化管理模式

所谓制度化管理模式，就是指按照一定的已确定的制度来推动企业管理。

（六）系统化管理模式

系统化管理模式即组织的系统化、标准化、统筹化管理模式，通过组织机构战略愿景管理、工作责任分工、薪酬设计、绩效管理、招聘、全员培训、员工生涯规划等七大系统的建立来实现。

第三节 建筑工程项目管理规划

一、建筑工程项目管理规划的内容

（一）建筑工程项目目标

制定的建筑工程项目目标应符合国家的有关规定。为保证工程质量、安全性，以及做好成本控制，应在施工前制定严格的建筑工程项目目标。

质量方针是施工过程中必须严格贯彻的，质量应被摆到核心位置上，以保证业主方满意。为贯彻"质量第一、客户至上"的质量方针，在组建施工队伍时要尽可能选择施工经验丰富且技术、素质较高的施工人员，以最大限度满足业主方的要求。

建筑工程项目目标还包括安全、工期等方面的目标，施工后项目经理还应做好对建筑工程项目目标的跟踪、控制工作。之所以要对建筑工程项目目标进行严格把控，是因为要确保建筑工程项目目标能够按预期计划顺利完成。项目经理应做好职责范围内的工作，努力排除所有会干扰到项目工程施工目标的内、外部因素。

（二）建筑工程项目概况

建筑工程项目概况主要说明了工程名称、建筑单位、资金来源、工程性质、用途、结构形式、建筑面积、周边环境、施工条件、承包合同等内容。在建筑工程项目管理规划中，建筑工程项目概况应被放在首要位置上，但很多投标人对于建筑工程项目概况并不重视，只是走个形式，用三两句话直接带过，这导致该建筑工程项目概况不具备参考性、针对性，即便随意挪用到其他工程中也没有违和感。事实上，如果想要保证工程的质量，那么对工程全貌进行深入了解、调查，也是投标人必须做的工作。

（三）项目编制依据

在编写建筑工程项目管理规划大纲的时候，投标人必须保证自己有切实可行的编制依据，主要包括工程施工招标文件、招标单位提供的施工图纸及主要规范、国家现行的法律法规、文明施工标准要求、建筑工程项目有关的规范及技术资料等。这些编制依据要以列表的形式展示出来，此外投标人还应前往施工现场进行实地考察，以了解实际的施工条件与周边环境。所有建筑工程项目都必须进行实地勘测，勘测过程中的勘察资料也要予以保留。

（四）施工进度计划

施工进度计划是建筑工程项目管理规划的重点，可以将其理解为施工前后都需要用到的行动指南，计划内容是否科学、合理、符合实际，会对施工的速度、成本与质量造成直接影响。因此，即便是将施工进度计划放在核心位置上也是正常的。在这里，项目经理应考虑到施工进度计划编制的原理，并按规范的编制步骤来完成工作。

（五）项目资源管理

项目资源管理即对建筑施工项目生产要素的管理，主要包括人力、物力、财力三大类别。人力指投入建筑工程项目中的劳动力，包括施工人员和不同职能的管理人员；物力指施工过程中要用到的各种机械设备与材料，施工过程中要对这些设备与材料进行有序化的组织管理；财力指需要消耗的资金。

建筑工程项目对于各类资源的需求量较大，且经常会受外界因素的影响，并不是对建筑工程项目本身严加管控就可以完全规避的。在施工过程中，可能会因协调不好而出现资源供需不平衡现象，且多个建筑工程项目之间难以协调配合，这是因为项目资源管理本身的复杂性特点。在施工开始前，各类资源的投入量就要做好大致测算，以降低因外界因素而导致资源供应不及时、延误工期的风险。这些资源在工程总费用中的比例极高，通常在80%以上，因此项目资源管理也是建筑工程项目施工成本管控的关键一环。

对于不同类型的资源，应对投入量做出不同的规划：针对人力资源，重点在于劳动力的使用，应做好对劳动力专业、工种的区分，包括总包、分包中的所有劳动力；针对主要的设备材料资源，应以列表形式进行需求规划，要注明机械设备的名称、型号、供应渠道、使用时间等。

（六）项目开展程序

项目开展程序应在施工前设置完成，施工过程也要严格按照此前设定的程序进行。项目开展程序与正式的施工流程不同，前者是站在全局范围内设定的程序，而后者则是在前者的基础上进行的。能否确定项目开展程序会关系到整个建筑工程项目实施效果的好坏。

项目开展程序可大致分为下述几步：

第一步是施工前的准备工作。施工前期要做好对建筑工程项目的调查，将投标时需要的资料整理出来，并编制出项目可行性研究报告，对项目需求进行深入分析，全面了解施工图纸与概算费用。

第二步应将进入施工现场的手续办理妥当。陪同客户进行现场勘测，与其进一步确认施工条件并签字确认，以防之后出现返工问题。

第三步要对几家符合条件的供货商进行选择。以列表的形式呈现供货商的名称、产品、价格、付款方式等，并督促供货商按要求提供建筑材料。

第四步应编制施工计划与进度。经审批后组织工地会议，以进一步确定施工的时间、内容、劳动力数量等。

第五步要对施工用到的设备、器材、材料等进行检查，填写相应的检验表，并与承包方签订承包协议。

第六步要编写施工开工的申请。申请内容应包括项目名称、开工时间、施工环境等，经客户单位审核批准后方可签发开工指令。

（七）施工组织措施

施工组织措施是从宏观层面把控的、能够在施工过程中起到方向引导作用的方法措施，有利于施工人员把控好施工计划、进度。要想安排好各个施工流程的时间、空间，就必须有一定的施工组织措施。施工组织措施往往要与技术组织措施相配合才能达到最佳应用效果。施工组织措施主要包括人员安排、职责分工、施工进程安排等，施工前必须将责任分配到位，这样才能减小建筑工程项目进行中的不稳定性。

（八）技术组织措施

技术组织措施指建设单位为提高生产效率、降低施工强度、保证施工质量而采取的技术革新措施。施工企业应在条件允许的情况下大力推广新技术、新材料、新设备，通过先进的现代化管理技术来改进施工效果。

（九）项目信息管理

项目信息管理要求施工企业对项目实施过程中涉及的所有文件、记录等进行收集整理，做好存储工作，并对其进行分类编号，以提高项目实施过程中的沟通效率。特别是在时间周期较长的大型建筑工程项目中，项目信息管理必须被划分为单独的管理环节。

建筑工程项目管理规划涵盖的内容较多，项目经理为高效实现施工目标，就必须对建筑工程项目的各类生产要素进行动态化的组织管理，以确保人力、物力等资源能够被合理利用，满足建筑工程项目的需要。

二、建筑工程项目管理规划的编制

要编制建筑工程项目管理规划，就要分别编制项目管理规划大纲与项目管理实施规划的内容。《建设工程项目管理规范（GB/T50326—2017）》就是在国家相关法律规定的基础上修编的，其中也对这两大类别内容的编制作出了明确要求。

（一）项目管理规划大纲的编制

项目管理规划大纲由企业管理层编制，也可委托给项目管理单位，该文件是企业投标的必备品。编写大纲的依据主要包括：

（1）国家现行法律规定。

（2）工程招标文件及发包单位对文件的解释。

（3）可行性研究报告。

（4）发包单位提供的项目资料。

（5）现场勘查情况。

（6）工程施工图纸。

（7）市场资源与环境信息。

（8）企业决策层的投标决策意见。

企业管理层应在编制项目管理规划大纲之前做好充分的准备工作，要全方位采集并深入了解、分析投标时要用到的资料信息，主要内容包括：

1.项目概况

项目概况即对项目基本情况的综合性简述，各个部分的内容篇幅应控制得当，主要包括项目的建筑内容、建筑规模、建筑结构、周边环境、交通条件、投资总额、市场前景、优惠政策、技术水平、创新点等。项目概况一般以简明扼要的文字为主，但如果有需要也可以附上建筑工程项目总平面图。

首先，在编写项目概况时，应交代项目的地理位置与周边情况，位置要尽可能明确、具体，如河北省迁曹高速公路项目就清晰注明了项目的地理位置："起于京哈高速公路迁安支线，与京哈高速公路交叉处的沙河驿枢纽互通，向南跨越唐港高速沿海高速，终于曹妃甸新港工业区装备制造区，途经迁安市、滦州、滦南县、曹妃甸区四县（市、区）。"

其次，如果有特殊情况的话也要一并说明，并要将项目分为整体与单体两个部分，分别进行内容概述。

2.项目实施条件

企业管理层应对项目实施条件进行全面分析，以判断发包单位是否符合相关条件。

《建筑市场管理规定》第十条规定："发包建设项目的单位和个人（以下统称发包方）应当具备下列条件：（一）是法人、依法成立的其他组织或公民；（二）有与发包的建设项目相适应的技术、经济管理人员；（三）实行招标的，应当具有编制招标文件和组织开标、评标、定标的能力。不具备本条第二、三款条件的，须委托具有相应资质的建设监理、咨询单位等代理。"

此外，《建筑市场管理规定》还对发包方的条件进行了其他方面的规定，主要包括已批准的设计任务书、设计概算、工程设计的基础材料、建筑用地征用已完成等，企业管理层应全面考察、核实。

3.项目管理目标

项目管理目标主要基于两个方面：一是结合招标文件、施工合同中提出的要求；二是企业即承包方对项目的规划目标。

4.施工总进度计划

要编制好施工总进度计划，就需要考虑全面，在借助合同文件、工程初步设计、概算指标等依据的基础上对施工流程进行合理设置，以保证各类资源能够利用得当，能够在规定工期内顺利完成建筑项目施工任务。编制施工总进度计划应遵循基本原则，要严格控制资源的投入情况，尽可能保证各类资源能够在消耗最少的情况下完成任务，同时要采取与项目相匹配的施工方法，以推动项目能够在有节奏的模式下连续进行。

编制施工总进度计划需要考虑的内容较多，且步骤较为烦琐。但为控制工程造价、保证项目如期交付，在编制时应注意几个要点：第一，必须用全局的视角去分析工程内容，对项目的总工程量进行准确计算，对一些非主要的项目可以直接做合并处理，不宜过度拆分。第二，要分配好各个项目的开工时间，一般不宜让多个项目同时开工，要根据项目情况做好优先顺序的安排。第三，在基于经验做出判断的同时也要充分参考相关资料，以提高计划的精准度。第四，施工安排的常规顺序为先地上后地下、先深后浅，这些基本顺序不能被随意打乱。

5.成本目标与管控

企业管理层必须做好成本目标的规划与管控，否则难以压低工程造价。成本目标主要包括总成本与总造价目标，其中人工成本与设备、材料的使用消耗是成本目标的主要构成。

6.质量目标与方案

工程质量是衡量企业管理水平、直接影响企业竞争力的重要因素，因此在施工前企业必须将质量总目标确定下来，并将其当作后续行动的指导依据。为使工程质量目标达到合格标准，至少应保证单位竣工验收合格率达到100%、单位工程与分项工程合格率达到100%。在设定好相应的质量目标后，还应针对质量目标拟定保证质量目标可以顺利实现的方案，即建立质量保证体系、对个人及各部门的职责进行明确划分。

7.项目风险预测与措施

建筑工程项目的风险大都很高，即便前期企业已经对施工现场进行了全面勘察，仍不能杜绝各类风险。项目风险预测起的是未雨绸缪的作用，在结合项目实际情况的基础上对可能出现的危险因素作出预测，配合相应措施在施工过程中有针对性地规避风险。

8.项目现场管理

项目现场管理即对施工现场进行良好管理，大纲中应对施工现场的情况作出明确阐述，并要遵循平面布置的原则，以实现安全有序的施工效果，工作期间尽量减少施工对周边居民的影响，不能在损害公共利益的情况下施工。

9.合同签订策略

建筑工程的实施离不开签订相关合同这一关键条件，因此合同的签订与管理也是建筑工程项目管理规划中的重要一环。企业应掌握相应的合同签订策略来保证本方的合法权益。合同也是结算工程款项的必备依据。

编制项目管理规划大纲时语言必须规范、简练，不得出现有歧义的内容，同时还要保证编制程序的合理化、规范化。将项目总目标确定下来是第一步，而后要对项目环境进行客观分析，并要收集、存储相关的项目资料，最后将修订好的计划内容汇总整理好，进行报送审批。

（二）项目管理实施规划的编制

项目管理实施规划主要由项目经理负责编制，所以项目经理是否具备丰富的项目经验、是否具备各方面的能力，也直接决定了项目管理实施规划编制的水平与项目管理实施规划的应用效果。项目管理实施规划并不只是一份文件，其还具有显著的实施性特征，能够直接应用于建筑工程项目各个阶段的管理操作中，是项目管理人员在发布指令、做决策时的行动指南。在以项目管理规划大纲的总体构想为参考基础的前提下，项目管理实施规划还应涵盖几个要点：

1.工程概况

项目管理规划大纲中已简述了工程概况的内容，项目经理应在此基础上对其进行适度细化，主要包括建筑工程项目的特点、周边环境的情况、施工条件、工程管理的特点与要求等。

2.总体工作计划

总体工作计划需要从全局角度制订，将各类重点要素汇集在一起作出总体规划，目的是对各类投入资源进行有效利用，将各个时间阶段的工作确定下来。总体工作计划主要包括对项目主要目标的规划，如质量目标、成本目标、进度目标；对各类资源的拟投入计划；对组织结构的详细安排以及更具体的职能、责任分工等。

在拟定总体工作计划时，必须参考已被批准通过的项目管理规划大纲、施工环境分析资料以及合同等重要的依据类文件。这些参考依据越详细、可靠，编制计划的效率与精准度就会越高。

3.项目组织方案

项目经理应按照项目需要针对组织结构、项目结构、职能分工、工作流程等内容设计出相应的组织图、流程图，并辅以简要的文字说明，让项目组织方案呈现出简洁明了的效果。在设计这些图表的时候，应保证其是在建筑工程项目总目标的基础上衍生的，并且要符合我国现行的法律规范、标准与要求。

4.技术方案

技术方案主要是为了说明本次建筑工程项目在施工技术方面的内容、特点，主要包括施工前的准备与测试工作、施工工艺、材料的准备与作业条件等。

5.各类施工措施

项目管理实施规划中还应包括各类施工措施，如安全措施、技术措施、文明施工措施、环境保护措施等。安全措施是项目经理必须予以重视的，施工如果只追求速度却不关心施工人员的安全，很容易酿成事故。在安全措施中应体现出关于安全管理组织机构的信息，每个施工班组都必须配备安全员，并且要将该组织机构中的人员职责划分清晰。

项目经理承担的责任压力是最重的，一旦施工现场出现安全事故，项目经理便是第一责任人，所以其必须对项目安全全方位负责。

项目安全专员必须对施工现场进行全面检查，发现安全隐患必须第一时间向项目经理汇报，对于施工过程中的违规行为要坚决制止，还要负责对施工与管理人员进行安全培训。总之，项目安全专员要负责的工作较多，且每一件工作都与项目安全目标息息相关，项目经理也要与其配合得当，这样才能保证施工的顺利进行。

安全质量管理人员应严格遵循国家的各项质量安全方针政策，承担起监督、检查的责任，配合相关部门做好对采购设备的质量检测工作，并要根据施工的进度、需要按时发放设备、材料。此外，安全质量管理人员还应定期检查施工设备的运作情况与操作人员持证上岗的情况，组织质量安全例会，并及时通报施工过程中的安全隐患。

6.项目现场平面布置图

项目现场平面布置图应以平面图和文字结合的方式呈现出来，项目经理应详细阐述施工现场的情况以及平面布置的原则，在设计项目现场平面布置图的时候应遵循几个基本原则：

第一，必须合理布置施工现场、节约用地。

第二，处理好各类临时建筑、设施之间的位置关系，并尽量减少临时设施的数量。

第三，应满足环保、安全与防火的要求。对项目现场平面布置图的设计，都会在施工现场体现出来，所以项目现场平面布置图的设计是否合理，也直接决定了施工现场的布置效果，还会对施工成本造成影响。

项目管理实施规划编制完成后，还需要做好下述几项工作，以形成完整的应用流程：项目经理应在指定位置签字后将文件送至企业管理层进行审批，还要与其他组织部门进行沟通、协调；在施工过程中，项目经理应尽到自己的责任，做好必要的跟踪检查工作，并视具体情况进行调整；在建筑项目工程结束后，项目经理还要收集资料做好汇总工作，编制出一份总结性的文件。

第四节 建筑工程项目质量管理概述

一、建筑工程项目质量管理的概念

建筑工程项目质量管理指为建造符合使用要求和质量标准的工程所进行的全面质量管理活动。要想系统理解建筑工程项目质量管理的概念，就需要理解以下内容：

（一）建筑工程项目质量的概念

首先，质量对于建筑工程项目是非常重要的，其中质量包含设计质量和符合性质量两个层面的定义。设计质量指的是一组固有特性满足要求的程度。它主要反映的是产品功能特点、服务对顾客要求的满足程度、隐含需求能力的特征和特点。换句话说，设计质量实际上反映的是如何去设计。而符合性质量指的是产品功能或者服务的实际功能及其设计功能的符合程度，也就是如何去做。

在很多情况下，质量会随着时间和环境的变化而变化，也就是说质量问题需要定期评审，为的是符合当下的质量要求。与质量相关的问题应该体现在双方合同、操作标准、规范制度、图纸设计和技术文件中，这些地方都应有明确的质量要求。人们还对质量有隐含需求，施工单位应该对这些需求加以识别和确认。人们对"实体"的关注、期望是不可言喻的，所以并不需要相关规定。

所谓的"实体"又是什么？它指的是可以用来单独描述和研究的事物。人们经常将"实体"分为两种，一种是质量管理，另一种是质量保证活动中涉及的所有对象。总而言之，"实体"相当于一种结果，但也被视为一个过程。

其次，人们将建筑工程项目质量的定义分为广义和狭义两种：广义上，建筑工程项目质量主要由实体质量和形成实体质量的工作质量组成。狭义上，参照国际标准和我国现行的国家标准，建筑工程项目质量的定义是"实体"满足明确或者隐含功能的特征综合，如采光是否合理等。

实际上，建筑工程项目的实体质量可以被称为工程质量。通常情况下，工程质量可分为工序质量、分项工程质量、分部工程质量、单位工程质量和单项工程质量等多个不同的质量层次，其固有特征主要有实用性、安全性、可靠性等，这些固有特征越能满足需求，建筑工程项目质量也就越好。而工作质量取决于建筑工程项目中工作人员的能力和水平等，目的是保证和提高建筑工程项目的实体质量。通常情况下，人们会将工作质量分为社会工作质量和生产过程工作质量两个方面。

社会工作质量与具备社会性的情况有一定关系，如社会调查质量、售后服务质量等；而生产过程工作质量与建筑工程项目施工有一定关系，如管理工作质量、生产技术工作质量、后勤保障工作质量等各个方面。上述工作质量对实体质量起着决定性作用。换句话说，人们非常重视建筑工程项目的实体质量，那是因为建筑工程项目在业主决策、建筑工程勘察、设计等各个不同阶段都要有较高的质量。

工程质量与工作质量之间有一定的关系：实际上，工程质量是工作质量的作用结果，而工作质量是工程质量的必要保障。根据项目管理实践研究可知，建筑工程项目质量的好坏是各个不同阶段、各个不同环节工作质量的综合反映，并不是依靠质量检查检测出来的。要想保证工程质量是合格的，项目管理负责人就要对影响和决定工程质量的所有因素进行严格控制，从而利用良好的工作质量来保证工程质量。

总而言之，建筑工程项目质量指的是施工企业按照工程合同、相关技术标准、设计文件和图纸以及相关施工规范文件等详细设定建筑工程项目的主要内容，进一步满足其使用性、安全性、经济性和美观性等特点需求的程度，是工程质量与工程建设各个阶段、各个环节工作质量的综合反映。

（二）建筑工程项目质量的内容

建筑工程项目质量能够反映建筑工程的一些内容，主要包含以下几个方面：

1.建筑工程项目实体质量包含工序质量、分项工程质量、分部工程质量、单位工程质量和单项工程质量等多个不同的质量层次。其中工序质量是保证建筑工程项目实体质量的前提。

2.从功能和使用价值角度来分析，建筑工程项目质量经常体现在安全、性能、可靠、使用时间、经济五个方面。

3.工作质量体现在技术工作、组织管理、后勤保障、经营管理等方面，这些方面应达到工程质量的制度标准。工作质量决定工程质量，起到保证和基础的作用，而工程质量实际是企业各个方面和阶段工作质量的总和。

4.我们应该将工程质量与工作质量结合起来考虑，这样多方面考虑能够满足用户或者社会的规范要求，使建筑工程项目质量能够尽快达到业界标准。

（三）建筑工程项目质量管理协调工作

建筑工程项目质量管理协调工作指的是在质量方面的控制和协调活动，包括以下几个方面：

1.质量方针

质量方针指的是建筑工程项目组织体系中最高管理者所制定和发布的与该组织总质量相关的宗旨和方向，主要体现的是该组织对质量的认知、追求。而施工组织也有一定的行为标准，质量管理工作主要围绕用户展开，如满足用户的期待和需求、兑现对用户的承诺。需要注意的是，建筑工程项目的质量方针应该与组织总方针保持一致，并为质量目标提供基础框架。

2.质量目标

质量目标一般指的是在质量上所追求的标准。通常情况下，质量目标需要依据组织制定的质量方针来撰写，同时也与组织内部相关职能和分工有关。但是在建筑作业上，质量目标应该定量安排。

3.质量策划

质量策划主要是指依据质量目标展开、有相应的运行过程以及能够实现质量目标的相关策划。

4.质量保证

质量保证要符合质量要求，同时质量保证措施也要起到一定的预防作用。

5.质量改进

质量改进主要是指针对用户的需求，对建筑工程项目质量进行改进的一项循环活动。

二、建筑工程项目质量管理的内容

建筑工程项目从本质上来说，是一项拟建或者在建的建筑产品。进行建筑工程项目质量管理，要遵循一定的原则，并增强防范意识。

（一）建筑工程项目质量管理的原则

在整个建筑工程项目的策划、设计和施工过程中，施工单位均需对建筑工程项目的质量进行判定，检验其是否符合我国建筑质量标准。因此，施工单位还应掌握建筑工程项目质量管理的基本原则，主要有以下几点：

1.以用户为中心原则

建筑工程项目的服务对象是用户，所以施工单位应该了解用户当下和未来的需求，满足甚至超越用户对建筑工程项目的期望。施工单位应该制定以用户为中心的质量管理原则，满足用户对建筑工程项目的期望和要求，同时充分掌握大环境下建筑行业的市场发展方向，提高市场占有率，以提高国家和企业的经济收益。

2.领导作用原则

建筑工程项目质量管理重点强调领导作用。因为管理者在整个建筑工程项目设计和施工过程中起到关键作用，质量管理是由组织体系中的管理者来负责的，如关于建筑工程项目质量的计划和目标由管理者制定，建筑组织体系和职能分配也是由管理者进行安排和确定的，资源配置等方面同样也需要管理者决策和组织。

3.全员参与原则

员工只有充分参与到项目组织中，才能施展才华，发挥能力，给组织带来更多的收益。建筑工程项目质量管理实际上是一个系统的工程，关系到企业的每位员工、每个部门。因此，建筑工程项目质量管理应坚持全员参与原则，充分调动员工的积极性，提升他们的工作效率，使其发挥自身才华和能力帮助企业创造收益并积极为企业做贡献，从而提高建筑工程项目质量管理的有效性。

4.过程方法原则

过程方法是指将建筑工程项目的活动和相关资源作为过程进行管理，以快速和高效地实现建筑工程项目的目标。过程方法的重点一般集中在利用 PDCA 循环原理改进建筑工程项目质量的活动上。PDCA 循环的含义是将质量管理分为四个阶段，即 Plan（计划）、Do（执行）、Check（检查）和 Action（处理）。过程方法有很多好处，如降低成本、缩短建筑工程项目的周期、实现预期目标和效果等。

5.管理的系统方法原则

管理的系统方法将相互关联的过程当作一个系统。遵循管理的系统方法原则是为了理解和管理整个建筑工程项目，帮助组织体系快速安排各个员工的工作职能和完成工作的时间，提高工作效率。在建筑工程项目质量管理中坚持管理的系统方法原则就是指将整个质量管理体系当成一个系统，对该系统进行全面认识，协调系统内各部分的关系，以保证建筑工程项目质量。

6.不断改进原则

为了满足用户或者社会需求，施工单位应不断改进建筑工程项目的施工工艺，提高建筑工程项目的质量，以达到更高品质，获得市场竞争优势。

7.基于事实的决策原则

基于事实的决策原则一般体现在信息搜集和信息分析两个层面上。施工单位要明确信息的种类、搜集的渠道，保证建筑工程项目相关资料能够供使用者使用。需要注意的是，要保证资料的准确性和可靠性，应结合之前的经验，根据事实进行决策，并采取相应的行动。

8.互利共惠原则

互利共惠原则主要体现在与供应方的关系上。在建筑工程项目施工过程中，供应方是不可或缺的重要角色。在建筑工程项目的供应链中，供应方的作用重大。供应方提供的材料会直接或间接地影响建筑工程项目的质量。而建筑工程项目质量的提高也会促进供应方经济效益的提高。因此，供应方与施工单位应坚持互利共惠的原则，彼此之间通力合作。

（二）建筑工程项目质量管理中存在的问题

建筑工程项目质量管理通过对施工质量、施工进度、安全施工和项目成本等环节进行有效管理，施工单位的经济效益和社会效益都会有所提高，一定程度上也会推动社会经济的发展。但建筑工程项目质量管理中也会存在一些问题。一般情况下，可分为以下几点：

1.规划设计工作细节问题

建筑工程项目质量管理在规划设计工作上存在很多问题，如设计时间比较长、图纸设计细节和重点内容考虑不周到、设计人员思维不够灵活等，尤其是很多细节上的地方没有把握到位、图纸节点和细节处理不规范，从而导致施工过程中出现很多问题。在施工阶段，图纸设计缺点多会对整个项目施工进度和质量产生不好的影响。

2.制订合同内容的不规范

合同中关于建筑工程项目质量方面的内容不规范，造成合同不能被有效履行或者不能有效约束承包商的行为。有些承包单位技术能力和综合实力不强，在施工过程中偷工减料，导致建筑工程项目质量不佳，最终带来巨大的经济损失。

3.施工过程质量控制不合理

建筑工程项目管理中没有办理相关质量监督手续，导致施工过程缺乏相关部门的监管和验收；工作人员无证上岗；不按合同规定操作的情况没有得到严格控制……这些都会影响建筑工程项目质量。

4.工程验收程序不规范

工程竣工后，未按规定向工程质量监理单位申请验收，导致建筑工程项目质量存在很多问题，同时也给后期整改工作增添麻烦。

（三）建筑工程项目质量管理问题的防范

上述是建筑工程项目质量管理中存在的问题，这些问题会影响建筑工程项目质量。因此，我们应该明确建筑工程项目质量管理的要点，有针对性地对质量进行控制，这是十分重要的。

1.对项目关键环节进行质量控制

在建筑工程项目施工过程中，施工单位应该对项目关键环节进行质量控制，同时也要建立质量保证体系，完善质量控制系统。施工单位也可以通过各种不同方式对自身进行初检，严格控制工程相关材料、工序和技术。质量监管要覆盖工程的全方位、全过程。

2.预防为主、防治结合

建筑工程项目施工过程中出现问题后，相关单位、人员应采取有针对性的措施，这种方式被称为问题管理，属于事后处理方式，只能解决已经出现的问题。对于未来可能会发生的问题，相关单位、人员还需要进行预测，也就是预防管理。管理者应预防为主、防治结合，采取相应措施预防将来可能出现的问题。

3.引进新技术

除上述两种措施外，施工单位还应该在施工中积极引进新技术，因为建筑工程项目技术会影响建筑工程项目的质量。施工单位要想实现建筑工程项目的目标，就需要以先进的技术作为支撑，及时制订解决问题的技术方案，保证建筑工程项目质量是合格的。

三、影响建筑工程项目质量的因素

随着我国社会经济的迅速发展，我国建筑工程项目质量也得到了较大提高。建筑工程项目在施工阶段的质量控制是整个项目中比较关键的环节。

建筑工程项目中能够对建筑工程项目质量造成影响的因素有很多，以下是具体因素的总结：

（一）人为因素

人为因素直接或者间接对建筑工程项目质量造成影响，而能给建筑工程项目质量带来影响的主体通常为建筑工程项目质量管理人员、决策人员和建造人员，以及建筑工程项目质量的策划单位、施工单位等。也就是说，人为因素的主体可能指的是某个个体，也可能指的是一个群体或者单位。

我国有关建筑工程项目质量的相关制度有企业经营资质管理制度、市场准入制度、执业资格注册制度、作业及管理人员持证上岗制度等。除此之外，《中华人民共和国建筑法》和《建设工程质量管理条例》针对建筑工程项目质量责任制度有着明确规定，如施工单位应当依法取得相应等级的资质证书，并在其资质等级许可的范围内承揽工程，不得越级，不得挂靠，不得转包或分包；严禁无证设计、无证施工等。这些规定的目的是规范与建筑工程项目质量，从而保障建筑工程项目质量。

（二）技术因素

技术因素影响建筑工程项目质量的情况有很多种，如建筑工程技术和辅助生产技术等。其中建筑工程技术往往是指工程的勘探技术、设计技术和施工技术等，而辅助生产技术则是指工程检测技术、试验技术等。我国建筑工程项目的技术情况与我国当下经济发展趋势和科技水平有着直接关系，同时也与建筑行业当下的发展有关。

（三）管理因素

管理因素包括决策因素和组织因素等。如果建筑工程项目没有经过资源论证、市场需求预测等一系列工作，相关人员盲目建设或者重复建设，将会导致建筑无法按时完工或不能正常使用，这样会浪费社会资源。

（四）环境因素

其实，一个建筑工程项目在决策、立项和实施方面受到经济、社会和技术等方面的影响，这些环境因素是建筑项目可行性分析、风险预估和管理等环节需要考虑的重点因素。有些环境因素是无法预测的，具有多变性，不同的建筑工程项目有着独特的施工环境、自然环境和管理环境等，所以不同的建筑工程项目一般不能用同一个制度。

对于一个建筑工程项目而言，不管其是某个项目的一部分工程，还是其自身就是一个独立的工程，影响其质量的环境因素都包括建筑工程项目实施现场的地质、气象和水文等自然环境。

除此之外，建筑工程项目现场平面以及空间环境，各种能源介质，施工过程中的照明、通风、安全保护设施，现场施工的排水、交通运输条件等，都是建筑工程项目的作业环境因素。这些条件都能够直接或者间接影响建筑工程项目施工质量。

环境因素包含管理环境因素，管理环境因素主要包含项目承担单位的质量管理体系、质量管理制度以及各个参与单位间的合作等因素。如果质量管理环境保持良好状态，那么建筑工程项目就能够顺利完成施工，同时建筑工程项目的质量也有了保证。

（五）社会因素

影响建筑工程项目质量的社会因素有相关法规的健全程度、执法力度、建筑工程项目的法人或者业主方的理性程度、建筑工程项目经营者的经营理念、建筑市场的规范程度等。

（六）材料因素

建筑工程项目中的材料也是影响其质量的关键因素，各类建筑工程的材料、重要和次要的配件等都是建筑工程项目施工的基础物质条件，如果材料出现质量问题或者不符合生产要求，那么建筑工程项目的质量可能也会出现问题，达不到规定的标准。

在建筑工程项目中，使用的材料要符合国家质量标准，有相关的出厂合格证明等相关证明材料，现场施工单位也要对施工材料进行抽样检查，送到专业的地方进行复检，为的是保证施工材料的质量。材料一旦质量没有通过抽样检验或者复检，那么就不能使用在建筑工程项目中，防止该材料影响整个建筑工程项目的质量。因此，建筑项目工程的施工单位应该加强对各个材料的质量控制，从而保证建筑工程项目的质量。

总而言之，人为因素、管理因素和环境因素对建筑工程项目来说是可以控制的，而社会因素是影响建筑工程项目质量的外部因素。通常情况下，社会因素属于不可控制因素。

第二章 建筑工程项目质量控制

第一节 建筑工程项目质量控制的内容

一、建筑工程项目施工质量控制的依据

概括地说，施工质量控制的依据主要有以下4类：①工程项目施工质量验收标准：《建筑工程施工质量验收统一标准》（GB50300—2013）以及其他行业工程项目的质量验收标准。②有关建筑材料、半成品和构配件质量控制方面的专门技术法规性依据。③控制施工作业活动质量的技术规程，如电焊操作规程、砌砖操作规程、混凝土施工操作规程等。④凡采用新工艺、新技术、新材料的工程，应事先进行试验，并应有权威性技术部门的技术鉴定书及有关的质量数据、指标，在此基础上制定质量标准和施工工艺规程，以此作为判断与控制施工质量的依据。

二、建筑工程项目施工准备的质量控制

（一）施工承包单位资质的核查

1.施工承包单位资质的分类

施工企业按照其承包工程的能力，划分为施工总承包、专业承包和劳务分包3个序列。

（1）施工总承包企业

获得施工总承包资质的企业，可以对工程实行施工总承包或者对主体工程实行施工承包。施工总承包企业可以将承包的工程全部自行施工，也可将非主体工程或者劳务作业分包给具有相应专业承包资质或者劳务分包资质的其他建筑企业。建筑企业施工总承包资质按专业类别共分为12个资质类别，每一个资质类别又分为特级、一级、二级、三级。

（2）专业承包企业

获得专业承包资质的企业，可以承接施工总承包企业分包的专业工程或者建设单位按照规定发包的专业工程。专业承包企业可以对所承接的工程全部自行施工，也可将劳务作业分包给具有相应劳务分包资质的劳务分包企业。专业承包企业资质按专业类别共分为60个资质类别，每一个资质类别又分为一级、二级、三级。

（3）劳务分包企业

获得劳务分包资质的企业，可以承接施工总承包企业或者专业承包企业分包的劳务作业。劳务承包企业有13个资质类别，如木工作业、砌筑作业、钢筋作业、架线作业等。有的资质类别分成若干级，有的则不分级，如木工、砌筑、钢筋作业劳务分包企业资质分为一级、二级，油漆、架线等作业劳务分包企业则不分级。

2.查对承包单位近期承建工程

实地参观考核工程质量情况及现场管理水平。在全面了解的基础上，重点考核与拟建工程类型、规模和特点相似或接近的工程。优先选取具有名牌优质工程的企业。

（二）施工组织设计（质量计划）的审查

1.质量计划与施工组织设计

质量计划与现行施工管理中的施工组织设计既有相同的地方，又存在着差别：

（1）对象相同。质量计划和施工组织设计都是针对某一特定工程项目而提出的。

（2）形式相同。二者均为文件形式。

（3）作用既相同又存在区别。投标时，投标单位向建设单位提供的施工组织设计或质量计划的作用是相同的，都是对建设单位做出工程项目质量管理的承诺；施工期间承包单位编制的、详细的施工组织设计仅供内部使用，用于具体指导工程项目的施工，而质量计划的主要作用是向建设单位做出保证。

（4）编制的原理不同。质量计划的编制是以质量管理标准为基础的，在质量职能上对影响工程质量的各环节进行控制；而施工组织设计则是从施工部署的角度，着重在技术质量上来编制全面施工管理的计划文件。

（5）内容上各有侧重点。质量计划的内容按其功能包括质量目标、组织结构和人员培训、采购、过程质量控制的手段和方法；而施工组织设计是建立在对这些手段和方法具体而灵活运用的基础上。

2.施工组织设计的审查程序

第一，在工程项目开工前约定的时间内，承包单位必须完成施工组织设计的编制及内部自审批准工作，填写《施工组织设计（方案）报审表》报送项目监理机构。

第二，总监理工程师在约定的时间内，组织专业监理工程师审查，提出意见后，由总监理工程师审核签认。需要承包单位修改时，总监理工程师签发书面意见，退回承包单位修改，修改后再报审，总监理工程师重新审查。

第三，已审定的施工组织设计由项目监理机构报送建设单位。

第四，承包单位应按审定的施工组织设计文件组织施工。如需对其内容作较大的变更，应在实施前将变更内容书面报送项目监理机构审核。

第五，规模大、结构复杂或属于新结构、特种结构的工程，项目监理机构对施工组织设计审查后，还应报送监理单位技术负责人，经过审查并提出审查意见后，再由总监理工程师签发，必要时与建设单位协商，组织有关专业部门和有关专家会审。

第六，规模大、工艺复杂的工程，群体工程或分期出图的工程，经建设单位批准可分阶段报审施工组织设计；技术复杂或采用新技术的分项、分部工程，承包单位还应编制该分项工程、分部工程的施工方案，供项目监理机构审查。

3.审查施工组织设计时应掌握的原则

第一，施工组织设计的编制、审查和批准应符合规定的程序。

第二，施工组织设计应符合国家的技术政策，充分考虑承包合同规定的条件、施工现场条件及法规条件的要求，突出"质量第一""安全第一"的原则。

第三，施工组织设计的针对性：承包单位是否了解并掌握了本工程的特点及难点，施工条件是否充分。

第四，施工组织设计的可操作性：承包单位是否有能力执行并保证工期和质量目标，该施工组织设计是否切实可行。

第五，技术方案的先进性：施工组织设计采用的技术方案和措施是否先进适用，技术是否成熟。

第六，质量管理和技术管理体系：质量保证措施是否健全且切实可行。

第七，安全、环保、消防和文明施工措施是否切实可行并符合有关规定。

第八，在满足合同和法规要求的前提下，对施工组织设计的审查，应尊重承包单位的自主技术决策和管理决策。

（三）现场施工准备的质量控制

1.工程定位及标高基准控制

工程施工测量放线是建设工程产品由设计转化为实物的第一步。监理工程师应将其作为保证工程质量的一项重要的内容。在监理工作中，测量专业监理工程师应负责工程测量的复核控制工作。

2.施工平面布置的控制

监理工程师要检查施工现场的总体布置是否合理，是否有利于保证施工正常、顺利地进行，是否有利于保证质量等。

3.材料构配件采购订货的控制

凡由承包单位负责采购的原材料、半成品或构配件，在采购订货前应向监理工程师申报；对于重要的材料，还应提交样品，供试验或鉴定，有些材料则要求供货单位提交理化试验单（如预应力钢筋的硫、磷含量等），经监理工程师审查认可后，方可进行订货采购。

对于半成品和构配件的采购、订货，监理工程师应提出明确的质量要求，质量检测项目及标准、出厂合格证或产品说明书等质量文件的要求，以及是否需要权威性的质量认证等。

4.施工机械配置的控制

第一，施工机械设备的选择。除应考虑施工机械的技术性能、工作效率、工作质量、性能可靠性及维修难易程度、能源消耗，以及安全、灵活等方面对施工质量的影响与保证外，还应考虑其数量配置对施工质量的影响与保证条件。

第二，审查所需的施工机械设备是否按已批准的计划备妥；所准备的机械设备是否与监理工程师审查认可的施工组织设计或施工计划中所列的各项要求相一致；所准备的施工机械设备是否都处于完好的可用状态等。

5.分包单位资质的审核确认

第一，分包单位提交《分包单位资质报审表》。总承包单位选定分包单位后，应向监理工程师提交《分包单位资质报审表》。

第二，监理工程师审查总承包单位提交的《分包单位资质报审表》。

第三，对分包单位进行调查，调查的目的是核实总承包单位申报的分包单位情况。

6.设计交底与施工图纸的现场核对

施工图纸是工程施工的直接依据。为了使施工承包单位充分了解工程特点、设计要求，减少施工图纸的差错，确保工程质量，减少工程变更，监理工程师应要求施工承包单位做好施工图纸的现场核对工作。

施工图纸的现场核对工作主要包括 8 个方面：①施工图纸合法性的认定：施工图纸是否经设计单位正式签署，是否按规定经有关部门审核批准，是否得到建设单位的同意。②图纸与说明书是否齐全，如分期出图，图纸供应是否满足需要。③地下构筑物、障碍物、管线是否探明并标注清楚。④图纸中有无遗漏、差错或相互矛盾之处（如漏画螺栓孔、漏列钢筋明细表、尺寸标注错误等）。图纸的表示方法是否清楚和符合标准等。⑤地质及水文地质等基础资料是否充分、可靠，地形、地貌与现场实际情况是否相符。⑥所需材料的来源有无保证，能否替代；新材料、新技术的采用有无问题。⑦所提出的施工工艺、操作方法是否合理，是否切合实际，是否存在不便于施工之处，能否保证质量要求。⑧施工图纸或说明书中所涉及的各种标准、图册、规范、规程等，承包单位是否具备。对于存在的问题，要求承包单位以书面形式提出，在设计单位以书面形式进行解释或确认后，才能进行施工。

三、建筑工程项目施工过程质量控制

（一）作业技术准备状态的控制

所谓作业技术准备状态，即在正式开展作业技术活动前，各项施工准备是否按预先计划的安排落实到位的状况。

1.质量控制点的设置

质量控制点是指为了保证作业过程质量而确定的重点控制对象，涉及质量特性、关键部位、薄弱环节及主导因素等。

设置质量控制点是保证达到施工质量要求的必要前提。具体做法是承包单位事先分析可能造成质量问题的原因，针对原因制定对策，列出质量控制点明细表，提交监理工程师审查批准后，实施质量预控。

2.选择质量控制点的一般原则

第一，施工过程中的关键工序或环节及隐蔽工程，如预应力结构中的张拉工序，钢筋混凝土结构中的钢筋架立。

第二，施工中的薄弱环节，或质量不稳定的工序、部位或对象，如地下防水层施工。

第三，对后续工程施工或对后续工序质量或安全有重大影响的工序、部位或对象，如预应力结构中的预应力钢筋质量、模板的支撑与固定等。

第四，采用新技术、新工艺、新材料的部位或环节。

第五，施工上无足够把握的、施工条件困难的或技术难度大的工序或环节，如复杂曲线模板的放样等。

是否设置为质量控制点，主要视其对质量特性影响的大小、危害程度及其质量保证的难度大小而定。

（二）作业技术交底的控制

作业技术交底是施工组织设计或施工方案的具体化。项目经理部中主管技术人员编制的技术交底书，需经项目总工程师批准。

技术交底的内容有：施工方法、质量要求和验收标准，施工过程中需注意的问题，出现意外的补救措施和应急方案。

交底中要明确的问题：做什么，谁来做，如何做；作业标准和要求，什么时间完成；等等。关键部位或技术难度大、施工复杂的检验批，分项工程施工前，承包单位的技术交底书（作业指导书）要报监理工程师。经监理工程师审查后，如技术交底书不能保证作业活动的质量要求，承包单位要进行修改补充。没有做好技术交底的工序或分项工程，不得进入正式实施阶段。

1.进场材料构配件的质量控制

凡运到施工现场的原材料、半成品或构配件，进场前应向项目监理机构提交《工程材料/构配件/设备报审表》，同时附有产品出厂合格证及技术说明书，由施工承包单位按规定提交的检验和试验报告，经监理工程师审查并确认其质量合格后，方准进场。凡是没有产品出厂合格证明及检验不合格者，不得进场。

如果监理工程师认为承包单位提交的有关产品合格证明的文件以及施工承包单位提交的检验和试验报告，仍不足以说明到场产品的质量符合要求时，监理工程师可以再行组织复检或见证取样试验，确认其质量合格后方允许进场。

2.作业环境状态的控制

（1）施工作业环境的控制

作业环境条件包括水、电或动力供应，施工照明、安全防护设备，施工场地空间条件和通道，以及交通运输和道路条件等。

监理工程师应事先检查承包单位是否已做好安排和准备妥当；当确认其准备可靠、有效后，方准许其进行施工。

（2）施工质量管理环境的控制

施工质量管理环境主要是指：①施工承包单位的质量管理体系和质量控制自检系统是否处于良好状态。②系统的组织结构、管理制度、检测标准，以及人员配备等方面是否完善。③质量责任制是否落实。④质检员应协助项目经理部做好施工质量管理环境的检查，并督促其落实，这是保证作业效果的重要前提。

3.进场施工机械设备性能及工作状态的控制

（1）进场检查

进场前施工单位报送进场设备清单。清单包括机械设备规格、数量、技术性能、设备状况、进场时间。进场后监理工程师进行现场核对，核对是否和施工组织设计中所列的内容相符。

（2）工作状态的检查

审查机械使用、保养记录，检查设备工作状态。

（3）特殊设备安全运行的审核

对于现场使用的塔吊及有关特殊安全要求的设备，进入现场后，在使用前，必须经当地劳动安全部门鉴定，该特殊设备符合要求并办好相关手续后，方允许承包单位投入使用。

（4）大型临时设备的检查

设备使用前，承包单位必须取得本单位上级安全主管部门的审查批准，办好相关手续后，监理工程师方可批准投入使用。

4.施工测量及计量器具性能、精度的控制

（1）试验室的建立

承包单位应建立试验室；不能建立时，应委托有资质的专门试验室进行试验。如是新建的试验室，应按国家有关规定，经计量主管部门进行认证，取得相应资质；如是本单位中心试验室的派出部分，则应有中心试验室的正式委托书。

（2）监理工程师对试验室的检查

第一，工程作业开始前，承包单位应向监理机构报送试验室（或外委试验室）的资质证明文件，列出本试验室所开展的试验、检测项目，主要仪器、设备，法定计量部门对计量器具的标定证明文件，试验检测人员上岗资质证明，试验室管理制度等。

第二，监理工程师的实地检查。监理工程师应检查试验室资质证明文件、试验设备、检测仪器能否满足工程质量检查要求，仪器设备是否处于良好的可用状态，精度是否符合需要；法定计量部门标定资料，即合格证、率定表是否在标定的有效期内；试验室管理制度是否完善，是否符合实际；试验、检测人员的上岗是否具备资质等。经检查、确认能满足工程质量检验要求，则予以批准，同意使用；否则，承包单位应进一步完善、补充，在没得到监理工程师同意之前，试验室不得使用。

第三，工地测量仪器的检查。施工测量开始前，承包单位应向项目监理机构提交测量仪器的型号、技术指标、精度等级，以及法定计量部门的标定证明、测量工的上岗证明，监理工程师审核确认后，方可进行正式测量作业。在作业过程中，监理工程师也应经常检查了解计量仪器、测量设备的性能、精度状况，使其保持良好状态。

5.施工现场劳动组织及作业人员上岗资格的控制

第一，现场劳动组织的控制。劳动组织涉及从事作业活动的操作者及管理者，以及相应的各种管理制度：①操作人员，即主要技术工人必须持有相关职业资格证书。②管理人员到位，作业活动的直接负责人（包括技术负责人）、专职质检人员、安全员，与作业活动有关的测量人员、材料员、试验员必须在岗。③相关制度健全。

第二，作业人员上岗资格。从事特殊作业的人员（如电焊工、电工、起重工、架子工、爆破工），必须持证上岗。对此，监理工程师要进行检查与核实。

（三）作业技术活动结果的控制

1.作业技术活动结果的控制内容

作业技术活动结果的控制是施工过程中间产品及最终产品质量控制的方式，只有作业活动的中间产品质量都符合要求，才能保证最终单位工程产品的质量。主要内容有：①基槽（基坑）验收；②隐蔽工程验收；③工序交接验收；④检验批、分项、分部工程的验收；⑤联动试车或设备的试运转；⑥单位工程或整个工程项目的竣工验收；⑦对不合格的处理。上道工序不合格，则不准进入下道工序施工；不合格的材料、构配件、半成品，则不准进入施工现场且不允许使用；已进场的不合格品应及时做出标识、记录，指定专人看管，避免用错，并限期清除出现场；不合格的工序或工程产品则不予计价。

2.作业技术活动结果的检验程序

作业技术活动结果的检验程序是：施工承包单位竣工自检—填《工程竣工报验单》—总监理工程师组织专业监理工程师进行竣工初验—初验合格，报建设单位—建设单位组织正式验收。

第二节 建筑工程项目质量控制的方法与手段

施工项目质量控制的方法主要包括审核有关技术文件、报告和报表，进行现场质量检验或必要的试验、运用质量控制统计法等。

一、建筑工程项目审核有关技术文件、报告和报表

对技术文件、报告、报表的审核，是项目经理对工程质量进行全面控制的重要手段，其具体内容包括：①审核有关技术资质证明文件。②审核开工报告，并经现场核实。③审核施工方案、施工组织设计和技术措施。④审核有关材料、半成品的质量检验报告。⑤审核反映工序质量动态的统计资料或控制图表。⑥审核设计变更、修改图纸和技术核

定书。⑦审核有关质量问题的处理报告。⑧审核有关应用新工艺、新材料、新技术、新结构的技术鉴定书。⑨审核有关工序交接检查，分项、分部工程质量检查报告。⑩审核并签署现场有关技术签证、文件等。

二、建筑工程项目现场质量检验

（一）现场质量检验的内容

1.开工前检查

目的是检查是否具备开工条件，开工后能否连续正常施工，能否保证工程质量。

2.工序交接检查

对于重要的工序或对工程质量有重大影响的工序，在自检、互检的基础上，还要组织专职人员进行工序交接检查。

3.隐蔽工程检查

凡属于隐蔽工程的均应检查认证后方能掩盖。

4.停工后复工前的检查

因处理质量问题或某种原因停工后需复工时，也应经检查认可后方能复工。

5.分项、分部工程的检查

完工后，应经检查认可，签署验收记录后，才能进行下一工程项目施工。

6.成品保护检查

检查成品有无保护措施，或保护措施是否可靠。

此外，负责质量工作的领导和工作人员还应深入现场，对施工操作质量进行巡视检查；必要时，还应进行跟班或追踪检查。

（二）现场质量检验工作的作用

1.质量检验工作

质量检验就是根据一定的质量标准，借助一定的检测手段来估价工程产品、材料或设备等的质量状况或性能特征的工作。

质量检验工作在检验每种质量特征时，一般包括以下工作：①明确某种质量特性的标准；②量度工程产品或材料的质量特征数值或状况；③记录与整理有关的检验数据；④将量度的结果与标准进行比较；⑤对质量进行判断与估价；⑥对符合质量要求的做出安排；⑦对不符合质量要求的进行处理。

2.质量检验的作用

要保证和提高施工质量，质量检验是必不可少的手段。概括起来，质量检验的主要作用如下：

（1）它是质量保证与质量控制的重要手段。为了保证工程质量，在质量控制中，需要将工程产品或材料、半成品等的实际质量状况（质量特性等）与规定的某一标准进行比较，以便判断其质量状况是否符合要求的标准，这就需要通过质量检验手段来检测实际情况。

（2）质量检验为质量分析与质量控制提供了所需依据的有关技术数据和信息，因此质量检验是质量分析、质量控制与质量保证的基础。

（3）对进场和使用的材料、半成品、构配件及其他器材、物资进行全面的质量检验工作，可避免因材料、物资的质量问题而导致工程质量事故的发生。

（4）在施工过程中，通过对施工工序的检验取得数据，可及时判断质量，采取措施，防止质量问题的延续与积累。

（三）现场质量检查的方法

现场进行质量检查的方法有目测法、实测法和试验法 3 种。

1.目测法

目测法的手段可归纳为"看、摸、敲、照"4 个字。

（1）看

看就是根据质量标准进行外观目测。如装饰工程墙、地砖铺的四角对缝是否垂直一致，砖缝宽度是否一致，是否横平竖直。又如，清水墙面是否洁净，喷涂是否密实、颜色是否均匀，内墙抹灰大面及口角是否平直，地面是否光洁平整，施工顺序是否合理，工人操作是否正确等，均是通过目测检查、评价。

（2）摸

摸，就是手感检查，主要用于装饰工程的某些检查项目，如水刷石、干黏石黏结牢固程度，油漆的光滑度；浆活是否掉粉，地面有无起砂等，均可通过"摸"加以鉴别。

（3）敲

敲，是运用工具进行声感检查。对地面工程、装饰工程中的水磨石、面砖、锦砖和大理石贴面等，均应进行敲击检查，通过声音的虚实确定有无空鼓，还可根据声音的清脆和沉闷，判定属于面层空鼓或底层空鼓。此外，用手敲玻璃，从听到的声响中，判定底灰不满或压条不实的情况。

（4）照

照，对于难以看到或光线较暗的部位，可采用镜子反射或灯光照射的方法进行检查。

2.实测法

实测法是通过实测数据与施工规范及质量标准所规定的允许偏差对照，来判别质量是否合格。实测检查法的手段可归纳为"靠、吊、量、套"4个字。

（1）靠

靠是用直尺、塞尺检查墙面、地面、屋面的平整度。

（2）吊

吊是用托线板以线坠吊线检查垂直度。

（3）量

量是用测量工具和计量仪表等检查断面尺寸、轴线、标高、湿度、温度等的偏差。

（4）套

套是以方尺套方，辅以塞尺检查。如对阴阳角的方正、踢脚线的垂直度、预制构件的方正等项目的检查。对门窗口及构配件的对角线（窜角）检查，也是套方的特殊手段。

3.试验检查

试验检查法是指必须通过试验手段，才能对质量进行判断的检查方法。如对桩或地基的静载试验，确定其承载力；对钢结构进行稳定性试验，确定是否产生失稳现象；对钢筋对焊接头进行拉力试验，检验焊接的质量等。

三、建筑工程项目质量控制统计法

（一）排列图法

排列图法又称主次因素分析法，是找出影响工程质量的一种有效方法。

排列图的画法和主次因素分类：

（1）决定调查对象、调查范围、内容和提取数据的方法，收集一批数据（如废品率、不合格率、规格数量等）。

（2）整理数据，按问题或原因的频数（或点数），从大到小排列，并计算其发生的频率和累计频率。

（3）作排列图。

（4）分类。通常把曲线的累计百分数分为3级：0～80％（不含）为A级，是主要因素；80％～90％（不含）为B级，是次要因素；90％～100％为C级，是一般因素。

（5）注意点：主要因素最好是1个或2个，最多不超过3个，否则就失去了找主要矛盾的意义；注意分层，从几个不同方面进行排列。

（二）因果分析图法

因果分析图也称特性要因图，是用来表示因果关系的。特性指生产中出现的质量问题，要因指质量问题有影响的因素或原因。此方法是对质量问题特性有影响的重要因素进行分析和分类，通过整理归纳、分析，查找原因，以便采取措施，解决质量问题。

要因一般可从5个方面来找，即人员、材料、机械设备、工艺方法和环境。

因果图画法：①确定需要分析的质量特性，画出带箭头的主干线；②分析造成质量问题的各种原因，由大到小，逐层分析，直到可以针对原因采取具体的措施解决为止；③按原因大小以枝线逐层标记于图上；④找出关键原因，并标注在图上。

（三）直方图法

直方图法又称频数分布直方图法，它是将收集到的质量数据进行分组整理，绘制成频数分布直方图，用以描述质量分布状态的一种分析方法。因此直方图又称质量分布图。

产品质量由于受各种因素的影响，必然会出现波动。即使用同一批材料、同一台设备，由同一操作者采用相同工艺生产出来的产品，质量也不会完全一致。但是，产品质量的波动有一定范围和规律，质量分布就是指质量波动的范围和规律。

产品质量的状态是用指标数据来反映的，质量的波动表现为数据的波动。直方图就是通过频数分布分析、研究数据的集中程度和波动范围的一种统计方法，是把收集到的产品质量的特征数据，按大小顺序加以整理，进行适当分组，计算每一组中数据的个数（频数），将这些数据在坐标纸上画一些矩形图，横坐标为样本的取值范围，纵坐标为频数，以此来分析质量分布的状态。

（四）控制图法

控制图法又称管理图，是分析和控制质量分布动态的一种方法。产品的生产过程是连续不断的，因此应对产品质量的形成过程进行动态监控。控制图法就是一种对质量分布进行动态控制的方法。

1.控制图的原理

控制图是依据正态分布原理，合理控制质量特征数据的范围和规律，对质量分布动态进行监控。

2.控制图的作法

绘制控制图的关键是确定中心线和控制上下界限。但控制图有多种类型，如 $\bar{x}$（平均值）控制图、S（标准偏差）控制图、R（极差）控制图、$\bar{x}$-R（均值-极差）控制图、P（不合格率）控制图等，每一种控制图的中心线和上下界限的确定方法不一样。为了应用方便，人们已将各种控制图的参数计算公式推导出来，使用时只需查表并简单计算即可。

3.控制图的分析

第一，数据分布范围分析：数据分布应在控制上下限内，凡跳出控制界限，说明波动过大。

第二，数据分布规律分析：数据分布就是正态分布。

（五）相关图法

相关图又称散布图。在质量控制中，它是用来显示两种质量数据之间的关系的一种图形。

相关图的原理及作法：将两种需要确定关系的质量数据用点标注在坐标图上，从而根据点的散布情况判别两种数据之间的关系，以便进一步弄清影响质量特征的主要因素。

（六）分层法和调查表法

1.分层法

分层法又称分类法，是将调查收集的原始数据，根据不同的目的和要求，按某一性质进行分组、整理的分析方法。分层的结果使数据各层间的差异突出地显示出来，层内的数据差异减少。在此基础上再进行层间、层内的比较分析，可以更深入地发现和认识质量问题。由于产品质量是多方面因素共同作用的结果，因而对同一批数据，可以按不同性质分层，使我们能从不同角度来考虑、分析产品存在的质量问题和影响因素。常用的分层标志有：①按操作班组或操作者分层；②按使用机械设备型号分层；③按操作方法分层；④按原材料供应单位、供应时间或等级分层；⑤按施工时间分层；⑥按检查手段、工作环境等分层。

分层法是质量控制统计分析方法中最基本的一种方法。其他统计方法一般都要与分层法配合使用，如排列图法、直方图法、控制图法、相关图法等，通常是先利用分层法将原始数据分类，然后再进行统计分析。

2.调查表法

调查表法又称统计调查分析法，它是利用专门设计的统计表对质量数据进行收集、整理和粗略分析质量状态的一种方法。

在质量控制活动中，利用统计调查表收集数据，简便灵活，便于整理，实用有效。它没有固定格式，可根据需要和具体情况，设计出不同的统计调查表。常用的有以下4种方法：①分项工程作业质量分布调查表；②不合格项目调查表；③不合格原因调查表；④施工质量检查评定调查表。

四、建筑工程项目工序质量控制

工程项目的施工过程由一系列相互关联、相互制约的工序所构成，工序质量是基础，直接影响到工程项目的整体质量。要控制工程项目施工过程的质量，必须先控制工序的质量。

工序质量包含两个方面的内容：一是工序活动条件的质量；二是工序活动效果的质量。从质量控制的角度来看，这两者是互相关联的。一方面要控制工序活动条件的质量，也就是每道工序投入品的质量（即人、材料、机械、方法和环境的质量）是否符合要求；另一方面又要控制工序活动效果的质量，即每道工序施工完成的工程产品是否达到有关质量标准。

五、建筑工程项目质量控制点的设置

质量控制点的设置要根据工程的重要程度，或某部位质量特性对整个工程质量的影响程度来确定。为此，在设置质量控制点时，先要对施工的工程对象进行全面分析、比较，以明确质量控制点；随后进一步分析所设置的质量控制点在施工中可能出现的质量问题或造成质量隐患的原因，针对隐患的原因，相应地提出对策措施予以预防。由此可见，设置质量控制点，是对工程质量进行预控的有力措施。

质量控制点的涉及面较广，根据工程特点，视其重要性、复杂性、精确性、质量标准和要求，可能是结构复杂的某一工程项目，可能是技术要求高、施工难度大的某一结构的构件或分项、分部工程，也可能是影响质量的关键某一环节中的某一工序或若干工序。总之，操作、材料、机械设备、施工顺序、技术参数、自然条件、工程环境等均可作为质量控制点来设置，主要视其对质量特征影响的大小及危害程度而定。

六、检查、检测手段

在施工项目质量控制过程中，常用的检查、检测手段有以下六个方面：

（一）日常性的检查

日常性的检查即在现场施工过程中，质量控制人员（专业工人、质检员、技术人员）对操作人员进行操作情况及对结果的检查和抽查，及时发现质量问题或质量隐患、事故苗头，以便及时进行控制。

（二）测量和检测

利用测量仪器和检测设备对建筑物水平和竖向轴线标高几何尺寸、方位进行控制，对建筑结构施工的有关砂浆或混凝土强度进行检测，严格控制工程质量，发现偏差时及时纠正。

（三）试验及见证取样

各种材料及施工试验应符合相应规范和标准的要求，诸如原材料的性能、混凝土搅拌的配合比和计量、坍落度的检查、成品强度等物理力学性能及打桩的承载能力等，均需通过试验的手段进行控制。

（四）实行质量否决制度

质量检查人员和技术人员对施工中存在的问题，有权以口头方式或书面方式要求施工操作人员停工或者返工以纠正违章行为，责令不合格的产品推倒重做。

（五）按规定的工作程序控制

预检、隐检应有专人负责并按规定检查，做出记录。第一次使用的混凝土配合比要进行开盘鉴定，混凝土浇筑应经申请和批准，完成的分项工程质量要进行实测实量的检验评定等。

（六）对使用安全与功能的项目实行竣工抽查检测

对使用安全与功能的项目实行竣工抽查检测，严把分项工程质量检验评定关。

七、建筑工程项目成品保护措施

在施工过程中，有些分项工程、分部工程已经完成，其他工程尚在施工；或者某些部位已经完成，其他部位正在施工，如果对已完工程的成品，未采取完善的措施加以保护，就会使这些成品造成损伤，从而影响质量。这样，不仅会增加修补工作量、浪费工料、拖延工期，而且有的损伤难以恢复到原样，会成为永久性的缺陷。因此，搞好成品保护，是一项关系到确保工程质量、降低工程成本、按期竣工的重要环节。

第一，要培养全体职工的质量观念，对国家、人民负责，自觉爱护公物，尊重他人和自己的劳动成果，在施工操作时珍惜已完工程和部分工程完成的成品。

第二，要合理安排施工顺序，采取行之有效的成品保护措施。

（一）施工顺序与成品保护

合理地安排施工顺序，按正确的施工流程组织施工，是进行成品保护的有效途径之一。

第一，遵循"先地下后地上""先深后浅"的施工顺序，就不至于破坏地下管网和道路路面。

第二，地下管道与基础工程相配合进行施工，可避免基础完工后再打洞挖槽安装管道，从而影响施工质量和进度。

第三，先在房心回填土后，再做基础防潮层，则可保护防潮层不致受填土夯实损伤。

第四，装饰工程采取自上而下的流水顺序，可以使房屋主体工程完成后，有一定沉降期；先做好屋面防水层，可防止雨水渗漏。这些都有利于保护装饰工程质量。

第五，先做地面，后做顶棚、墙面抹灰，可以保护下层顶棚、墙面抹灰不受渗水污染；但在已做好的地面上施工，需对地面加以保护。若先做顶棚、墙面抹灰，后做地面，则要求楼板灌缝密实，以免漏水污染墙面。

第六，楼梯间和踏步饰面，宜在整个饰面工程完成后，再自上而下地进行；门窗扇的安装通常在抹灰后进行；一般先做油漆，后安装玻璃。按照这些施工顺序进行施工都是有利于成品保护的。

第七，当采用单排外脚手砌墙时，由于砖墙上面有脚手洞眼，故一般情况下，内墙抹灰须待同一层外粉刷完成、脚手架拆除、洞眼填补后，才能进行，以免影响内墙抹灰的质量。

第八，先喷浆再安装灯具，可避免安装灯具后又修理浆活，从而污染灯具。

第九，当铺贴连续多跨的卷材防水屋面时，应按先高跨后低跨，先远（远离交通进出口）后近，先做天窗油漆，安装玻璃，后铺贴卷材屋面的顺序进行。这样可避免在铺好的卷材屋面上行走和堆放材料工具等物，有利于保护屋面的质量。

以上示例说明，只要合理安排施工顺序，便可有效地保护成品的质量，也可有效地防止后道工序损伤或前道工序污染。

（二）成品保护的措施

成品保护主要有"护""包""盖""封"4种措施。

1.护

护，就是提前保护，防止成品可能受到损伤和污染。如为了防止清水墙面污染，在脚手架、安全网横杆、进料口四周以及临近水刷石墙面上，提前钉上塑料布或纸板；清水墙楼梯踏步采用护棱角铁上下连通固定；门口在推车易碰部位，在小车轴的高度钉上防护条或槽形盖铁；进出口台阶应垫砖或方木，搭脚手板过人；外檐水刷石大角或柱子要立板固定保护；门扇安好后要加楔固定等。

2.包

包，就是进行包裹，防止成品被损伤或污染。如大理石或高级水磨石块柱子贴好后，应用立板包裹捆扎；楼梯扶手易受污染变色，做油漆前应裹纸保护；铝合金门窗应用塑料布包扎；炉片管道受到污染后不好清理时，应包纸保护；电气开关、插座、灯具等设备也应包裹，防止喷浆时受到污染等。

3.盖

盖，就是表面覆盖，防止堵塞、损伤。如预制水磨石、大理石楼梯应用木板、加气板等覆盖，以防操作人员踩踏或物体磕碰；水泥地面、现浇或预制水磨石地面，应铺干锯末保护；高级水磨石地面或大理石地面，应用苫布或棉毡覆盖；落水口、排水管安好后要加覆盖，以防堵塞；散水交活后，为保水养护并防止磕碰，可盖一层土或砂子；其他需要防晒防冻、保温养护的项目，也要采取适当的覆盖措施。

4.封

封，就是局部封闭，以保护成品。如预制磨石楼梯、水泥抹面楼梯施工后，应将楼梯口暂时封闭，待达到上人强度并采取保护措施后再开放；室内塑料墙纸、木地板油漆完成后，均应立即锁门；屋面防水做完后，应封闭上屋面的楼梯门或出入口；室内抹灰或浆活交活后，为调节室内温湿度，应有专人开关外窗等。

总之，在工程项目施工中，必须充分重视成品保护工作。道理很简单，哪怕生产出来的产品是优质品、上等品，如果保护不好，遭受损伤或污染，也将会成为次品、废品、不合格品。所以，成品保护，除合理安排施工顺序，采取有效的对策、措施外，还必须加强对成品保护工作的检查。

第三节　建设工程项目质量控制系统

建设工程项目的实施，是涉及业主方、设计方、施工方、监理方、供应方等多方主体的活动。各方主体各自承担了建设工程项目的不同实施任务和质量责任，并通过建立质量控制系统，实施质量目标的控制。

一、建设工程项目质量控制系统概述

（一）项目质量控制系统的性质

建设工程项目质量控制系统是建设工程项目目标控制的一个子系统，与投资控制、进度控制等依托于同一项目的目标控制体系，它既不是建设单位的质量管理体系，也不是施工企业的质量保证体系。它是以工程项目为对象，由工程项目实施的总组织者负责建立的、一次性的、面向对象开展质量控制的工作体系，随着项目的完结和项目管理组织的解体而消失。

（二）项目质量控制系统的范围

1.主体范围

建设单位、设计单位、工程总承包企业、施工企业、建设工程监理机构、材料设备供应厂商等构成了项目质量控制的主体，这些主体可分为两大类，即质量责任自控主体和监控主体，它们在质量控制系统中的地位与作用不同。承担建设工程项目设计、施工或材料设备采购的单位，负有直接的产品质量责任，属于质量控制系统中的自控主体；在建设工程项目的实施过程中，对各质量责任主体的质量活动行为和活动结果实施监督控制的组织，称为质量监控主体。

2.工程范围

系统所涉及的工程范围，一般根据项目的定义或工程承包合同来确定。具体地说，可能有3种情况：①建设工程项目范围内的全部工程；②建设工程项目范围内的某一单项工程或标段工程；③建设工程项目某单项工程范围内的一个单位工程。

3.任务范围

项目实施的任务范围，即对工程项目实施的全过程或若干阶段进行定义。建设工程项目质量控制系统服务于建设工程项目管理的目标控制，其质量控制的系统职能贯穿于项目的勘察、设计、采购、施工和竣工验收等各个实施环节，即建设工程项目全过程质量控制的任务或若干阶段承包的质量控制任务。

（三）项目质量控制系统的结构

建设工程项目质量控制系统，一般情况下能够形成多层次、多单元的结构形态，这是由其实施任务的委托方式和合同结构所决定的。

1.多层次结构

多层次结构是相对于建设工程项目工程系统纵向垂直分解的单项、单位工程项目质量控制子系统。系统纵向层次结构的合理性是建设工程项目质量目标、控制责任和分解落实措施的重要保证。

在大中型建设工程项目，尤其是群体工程的建设工程项目中，第一层面的质量控制系统应由建设单位的建设工程项目管理机构负责建立，在委托代建、委托项目管理或实行交钥匙式工程总承包的情况下，应由相应的代建方项目管理机构、受托项目管理机构或工程总承包企业项目管理机构负责建立；第二层面的质量控制系统，通常是指由建设工程项目的设计总负责单位施工、总承包单位等建立相应管理范围内的质量控制系统；第三层面及其以下是承担工程设计、施工安装、材料设备供应等各承包单位的现场质量自控系统，或各自的施工质量保证体系。

2.多单元结构

多单元结构是指在建设工程项目质量控制总体系统下，第二层面的质量控制系统及其以下的质量自控或保证体系可能有多个。这是项目质量目标、责任和措施分解的必然结果。

（四）项目质量控制系统的特点

建设工程项目质量控制系统是面向对象建立的质量控制工作体系，主要包括以下内容：

1.建立的目的

建设工程项目质量控制系统只用于特定的建设工程的项目质量控制，而不用于建筑企业或组织的质量管理。

2.服务的范围

建设工程项目质量控制系统涉及建设工程项目实施过程中所有的质量责任主体，而不只是某一个承包企业或组织机构。

3.控制的目标

建设工程项目质量控制系统的控制目标是建设工程项目的质量标准，并非某一具体的建筑企业或组织的质量管理目标。

4.作用的时效

建设工程项目质量控制系统与建设工程项目管理组织系统相融合，是一次性的而非永久性的质量工作系统。

5.评价的方式

建设工程项目质量控制系统的有效性一般由建设工程项目管理的总组织者进行自我评价与诊断，无须进行第三方认证。

二、建设工程项目质量控制系统的建立

建设工程项目质量控制系统的建立，为建设工程项目的质量控制提供了组织制度方面的保证。这一过程，是建设工程项目质量总目标的确定和分解过程，也是建设工程项目各参与方之间质量管理关系和控制责任的确定过程。为了保证质量控制系统的科学性和有效性，必须明确系统建立的原则、主体和程序。

（一）建立的原则

1.目标分解

项目管理者应根据控制系统内工程项目的分解结构，将工程项目的建设标准和质量总体目标分解到各个责任主体以明示合同条件，由各责任主体制订出相应的质量计划，确定其具体的控制方式和要求。

2.分层规划

建设工程项目管理的总组织者（如建设单位）和承担项目实施任务的各参与单位，应分别规划建设工程项目质量控制系统的不同层次和范围。

3.明确责任

应按《中华人民共和国建筑法》和《建设工程质量管理条例》中有关建设工程质量责任的规定，界定各方的质量责任范围和控制要求。

4.系统有效

建设工程项目质量控制系统，应从实际出发，结合项目特点、合同结构和项目管理组织系统的构成情况，建立项目各参与方共同遵循的质量管理制度和控制措施，形成有效的运行机制。

（二）建立的主体

一般情况下，建设工程项目质量控制系统应由建设单位或建设工程项目总承包企业的工程项目管理机构负责建立。在分阶段依次对勘察、设计、施工、安装等任务进行分别招标的情况下，通常应由建设单位或其委托的建设工程项目管理企业负责建立建设工程项目质量控制系统，各个承包企业应根据该系统的要求，建立隶属于该系统的设计项目、施工项目、采购供应项目等质量控制子系统，以具体进行其质量责任范围内的质量管理和目标控制。

（三）建立的程序

建设工程项目质量控制系统的建立过程，一般可按以下环节依次展开工作：

1.确定质量控制系统主体架构

明确各层面的建设工程质量控制系统负责人，一般包括承担项目实施任务的项目经理（或工程负责人）、总工程师、技术负责人、项目监理机构的总监理工程师、专业监理工程师等，以形成明确的项目质量控制责任者的关系网络架构。

2.制定质量控制系统制度

质量控制系统制度包括质量控制例会制度、协调制度、报告审批制度、质量验收制度和质量信息管理制度等。形成建设工程项目质量控制系统的管理文件或手册，作为承担建设工程项目实施任务各方主体共同遵循的管理依据。

3.分析质量控制系统界面

建设工程项目质量控制系统的质量控制责任界面，包括静态界面和动态界面。一般来说，静态界面是根据法律法规合同条件、组织内部职能分工来确定的。动态界面是指项目实施过程中设计单位之间、施工单位之间、设计与施工单位之间的衔接配合关系及其责任划分，必须通过分析研究，确定管理原则与协调方式。

4.编制质量控制系统计划

建设工程项目管理总组织者负责主持编制建设工程项目总质量计划，并根据质量控制系统的要求，部署各质量责任主体编制与承担相应任务范围的质量计划，并按规定程序完成质量计划的审批，作为其实施自身工程质量控制的依据。

三、建设工程项目质量控制系统的运行

建设工程项目质量控制系统的运行，是系统功能的发挥过程，也是质量活动职能和效果的控制过程。质量控制系统能够有效运行，依赖于系统内部的运行环境和运行机制的完善。

（一）运行环境

建设工程项目质量控制系统的运行环境，主要是指为系统运行提供支持的管理关系、制度和资源配置的条件。

1.建设工程的合同结构

建设工程合同是联系建设工程项目各参与方的纽带。合同结构合理、质量标准和责任条款明确，及严格履约管理直接关系到质量控制系统的运行成败。

2.质量管理的组织制度

建设工程项目质量控制系统内部的各项管理制度和程序性文件的建立，为质量控制系统各个环节的运行，提供了必要的行动指南、行为准则和评价基准，是系统有序运行的基本保证。

3.质量管理的资源配置

质量管理的资源配置是质量控制系统得以运行的基础条件，它包括专职的工程技术人员和质量管理人员的配置，以及实施技术管理和质量管理所必需的设备、设施、器具、软件等物质资源的配置。

（二）运行机制

建设工程项目质量控制系统的运行机制，是质量控制系统的生命，是由一系列质量管理制度安排所形成的内在能力。它包括动力机制、约束机制、反馈机制和持续改进机制等。

1.动力机制

建设工程项目的实施过程是由多主体参与的价值增值链，只有保持合理的供方及分供方等各方关系，才能形成合力，保证项目的成功。动力机制作为建设工程项目质量控制系统运行的核心机制，可以通过公正、公开、公平的竞争机制和利益机制的制度设计来实现。

2.约束机制

约束机制取决于各主体内部的自我约束能力和外部的监控效力。约束能力表现为组织及个人的经营理念、质量意识、职业道德及技术能力的发挥；监控效力取决于建设工程项目实施主体外部对质量工作的推动和检查监督。两者相辅相成，构成了质量控制过程的制衡关系。

3.反馈机制

反馈机制是对质量控制系统的能力和运行效果进行评价，并为如何进行处置提供决策依据的制度安排。项目管理者应经常深入生产第一线，掌握第一手资料，并通过相关的制度安排来保证质量信息反馈的及时和准确。

4.持续改进机制

应用 PDCA 循环原理，即计划、实施、检查和处置的方式展开质量控制。注重抓好控制点的设置和控制，不断寻找改进机会、研究改进措施，完善和持续改进建设工程项目质量控制系统，提高质量控制能力和控制水平。

四、建设工程项目施工阶段质量控制的目标

施工阶段质量控制的总体目标要贯彻执行我国现行建设工程质量法规和标准，正确配置生产要素并采用科学管理的方法，实现由建设工程项目决策、设计文件和施工合同所决定的工程项目预期的使用功能和质量标准化。不同管理主体的施工质量控制目标不同，但都致力于实现项目质量总目标。

第一，建设单位的质量控制目标，是通过施工过程的全面质量监督管理、协调和决策，保证竣工项目达到投资决策所要达到的质量标准。

第二，设计单位在施工阶段的质量控制目标，是通过设计变更控制及纠正施工中所发现的设计问题等，保证竣工项目的各项施工结果与设计文件所规定的标准相一致。

第三，施工单位的质量控制目标，是通过施工过程的全面质量自控，保证交付满足施工合同及设计文件所规定的质量标准（含建设工程质量创优要求）的建设工程产品。

第四，监理单位在施工阶段的质量控制目标，是通过审核施工质量文件，采取现场旁站、巡视等形式，应用施工指令和结算支付控制等手段，履行监理职能、监控施工承包单位的质量活动行为，以保证工程质量达到施工合同和设计文件所规定的质量标准。

第五，供货单位的质量控制要严格按照合同约定的质量标准提供货物及相关单据，对产品质量负责。

五、建设工程项目施工质量计划的编制方法

质量计划是针对某项产品、项目或合同，制定专门的质量措施、资源和活动顺序的文件，是企业向顾客表明质量管理方针、目标及其具体实现的方法、手段和措施，体现了企业对质量责任的承诺和实施的具体步骤，是质量体系文件的重要组成部分，应按一定的规范格式进行编制。在确定编制依据、目的、引用文件和该工程质量目标后，应严格按编制内容进行具体描述。

（一）施工质量计划的编制主体

施工质量计划的编制主体是施工承包企业，一般应在开工前由项目经理组织编制，

主要是根据合同需要，对质量体系进行补充，必须结合工程项目的具体情况，对质量手册及程序文件没有详细说明的地方作重点描述。在总分包模式下，分包企业的施工质量计划是总包施工企业质量计划的组成部分，总包企业有责任对分包企业施工质量计划的编制进行指导和审核，并承担分包施工质量的连带责任。

（二）施工质量计划的编制范围

施工质量计划的编制范围，应与建筑安装工程施工任务的实施范围一致，一般以单位工程进行编制，但对较大项目的附属工程可以和主体工程同时进行编制，对结构相同的群体工程可以进行合并编制。

（三）施工质量计划的基本内容

在已经建立质量管理体系的情况下，质量计划的内容必须全面地体现和落实企业质量管理体系文件的要求，同时结合本工程的特点，在质量计划中编写专项管理要求。施工质量计划的内容一般有以下几种：①工程特点及施工条件（合同条件、法规条件和现场条件）分析。②履行施工承包合同所必须达到的工程质量总目标及其分解目标。③质量管理组织机构和职责，人员及资源配置计划。④为确保工程质量所采取的施工技术方案、施工程序。⑤材料、设备等物资的质量管理及控制措施。⑥工程质量检测项目计划及方法等。

（四）施工质量计划的审批与实施

施工质量计划编制完毕，应按照工程施工管理程序进行审批，包括施工企业内部的审批和项目监理机构的审查。通常，应先由企业技术领导审核批准，审查合同质量目标的合理性和可行性。然后，按施工承包合同的约定提交工程监理或建设单位批准确认后执行。施工企业应根据监理工程师审查的意见确定质量计划的调整、修改和优化，并承担相应的责任。

由于质量计划是质量体系文件的重要组成部分，质量计划中各项规定是否被执行是企业质量运行效果的直接体现。因此，对质量计划的实施情况加强检查是必要的，可以定期、不定期地进行检查，也可根据各条款的落实情况紧密结合起来，切忌只看记录不看实物。针对检查中发现的问题及时作出不合格报告，并责令其制定纠正措施，最后再复查、闭合。

（五）施工质量控制点的设置

1.质量控制点的设置方法

承包单位在工程施工前应根据工程项目施工管理的基本程序，结合项目特点列出各基本施工过程对局部和总体质量水平有影响的项目，作为具体实施的质量控制点，提交给监理工程师审查批准后，在此基础上实施质量预控。如高层建筑施工质量管理中，可列出地基处理、工程测量、设备采购、大体积混凝土施工及有关分项、分部工程中必须进行重点控制的专题等，作为质量控制重点。

2.质量控制点的重点控制对象

第一，人为因素。包括人的身体素质、心理素质、技术水平等，对这些因素均有相应较高的要求，如高空作业。第二，物的因素。指物的质量与性能，如预应力钢筋的性能和质量等。第三，施工技术参数，如填土含水量、混凝土受冻临界强度等。第四，施工顺序，如对于冷拉钢筋应当先对焊、后冷拉，否则会失去冷强等。第五，技术间歇，如砖墙砌筑与抹灰之间，应保证有足够的间歇时间。第六，施工方法，如滑模施工中的支承杆失稳问题，可能引起重大质量事故。第七，新工艺、新技术、新材料的应用等。

六、建设工程项目施工生产要素的质量控制

（一）劳动主体的控制

要做到全面控制，必须以人为核心，加强质量意识，这是质量控制的首要工作。第一，施工企业应成立以项目经理的管理目标和管理职责为中心的管理架构，配备称职的管理人员，各司其职。第二，提高施工人员的素质，加强专业技术和操作技能培训。第三，完善奖励和处罚机制，充分发挥全体人员的最大工作潜能。

（二）劳动对象的控制

材料（包括原材料、成品、半成品、构件）是工程施工的物质条件，是建筑产品的构成因素，其质量好坏直接影响工程产品的质量。加强材料的质量控制是提高施工项目质量的重要保证。

对原材料、半成品及构件进行质量控制应做好以下工作：所有的材料都要满足设计

和规范要求，并提供产品合格证明；要建立完善的验收及送检制度，杜绝不合格材料进入现场，更不允许不合格材料用于施工；实行材料供应"四验"（验规格、验品种、验质量、验数量）、"三把关"（材料人员把关、技术人员把关、施工操作者把关）制度；确保只有检验合格的原材料才能进入下一道工序，为提高工程质量打下一个良好的基础；建立现场监督抽检制度，按有关规定比例进行监督抽检；建立物资验证台账制度等。

（三）施工工艺的控制

施工工艺的先进合理是直接影响工程质量、进度、造价和安全的关键因素。施工工艺的控制主要包括施工技术方案、施工工艺、施工组织设计、施工技术措施等方面的控制。施工工艺控制主要应注意以下几点：编制详细的施工组织设计与分项施工方案，对工程施工中容易发生质量事故的原因、防治、控制措施等做出详细的说明，选定的施工工艺和施工顺序应能确保工序质量；设立质量控制点，针对隐蔽工程的重要部位、关键工序和难度较大的项目等进行设置；建立三检制度，通过自检、互检、交接检，尽量减少质量失误；工程开工前编制详细的项目质量计划，明确本标段工程的质量目标，制定创优工程的各项保证措施等。

（四）施工设备的控制

施工设备的控制主要应做好两个方面的工作：

第一是机械选择与储备。在选择机械设备时，应根据工程项目特点、工程量、施工技术要求等，合理配置技术性能与工作质量良好、工作效率高、适合工程特点和要求的机械设备，并考虑机械的可靠性、维修难易程度、能源消耗以及安全、操作灵活等方面对施工质量的影响与保证条件，同时需要具有足够的机械储备，以防机械发生故障影响工程进度。

第二是有计划地保养与维护。对进入施工现场的施工机械设备进行定期维修；在遵守规章制度的前提下，加强机械设备管理，做到人机固定，定期保养和及时修理；建立强制性技术保养和检查制度，没有达到完好度的设备严禁使用。

（五）施工环境的控制

施工环境主要包括工程技术环境、工程管理环境和劳动环境等。工程技术环境包括工程地质、水文地质、气象等。根据工程技术环境的特点，合理安排施工工艺、进度计划，尽量避免环境给工程带来的不利影响。工程管理环境的控制，指的是应建立完善的质量管理体系和质量控制自检系统，落实质量责任制。劳动环境的控制中，劳动组合、作业场所、工作面等都是控制的对象。要做到各工种和不同等级工人之间互相匹配，避免停工窝工，尽量达到最高的劳动生产率；施工现场要干净整洁，真正做到工完场清，材料堆放整齐有序，材料的标识牌清晰明确，道路通畅等。

七、施工过程的作业质量控制

工程项目施工阶段是工程实体形成的阶段，建筑施工承包企业的所有质量工作也要在项目施工过程中形成。建设工程项目施工由一系列相互关联、相互制约的作业过程（工序）构成，因此，施工作业质量直接影响工程建设项目的整体质量。从项目管理的角度来讲，施工过程的作业质量控制分为施工作业质量自控和施工作业质量监控两个方面。

（一）施工作业质量自控

施工方是工程施工质量的自控主体，通过具体项目质量计划的编制与实施，有效地实现施工质量的自控目标。

施工作业质量的自控由施工作业组织的成员进行，一般按"施工作业技术的交底—施工作业活动的实施—作业质量的自检自查、互检互查、专职检查"的基本程序进行。工序作业质量是形成工程质量的基础。为了有效控制工序质量，工序控制应坚持以下要求：

1.持证上岗，严格施工作业制度

施工作业人员必须按规定考核后持证上岗，施工管理人员及作业人员应严格按施工工艺、操作规程、作业指导书和技术交底文件进行施工。

2.预防为主，主动控制施工工序活动条件的质量

按照质量计划的要求，对人员、材料、机械施工方法、施工环境等预先进行认真分析、严格控制；同时，对不利因素及时采取措施纠偏，始终使工序质量处于受控状态。

3.重点控制，合理设置工序质量控制点

要根据作业活动的实际需要，进一步建立工序作业控制点，深化工序作业的重点控制。

4.坚持标准，及时检查施工工序作业效果质量

工序作业人员在工序作业过程中应严格坚持质量标准，通过自检、互检不断完善作业质量，一旦发现问题及时处理，使工序活动效果的质量始终满足有关质量规范规定。

5.制度创新，形成质量自控的有效方法

施工企业应积极学习先进的项目管理理念，形成质量例会制度、质量会诊制度、每月质量讲评制度、样板制度、挂牌制度等，进行企业质量自控。

6.记录完整，做好有效施工质量管理资料

在整个施工作业过程中，对工序作业质量的记录、检验数据等资料应完整无误地记录下来，并且应按照施工管理规范的要求进行填写记载，作为质量保证的依据以及质量控制的资料。

（二）施工作业质量监控

建设单位、监理单位、设计单位及政府的工程质量监督部门，在施工阶段依照法律法规和工程施工合同，对施工单位的质量行为和质量状况实施监督控制。

建设单位和质量监督部门要在工程项目施工全过程中对每个分项工程和每道工序进行质量检查监督，尤其要加强对重点部位的质量监督评定和对质量控制点的监督把关，同时检查并督促单位工程质量控制的实施情况，检查质量保证资料和有关施工记录、试验记录，建设单位负责组织主体工程验收和单位工程完工验收，指导验收技术资料的整理归档。在开工前，建设单位要主动向质量监督机构办理质量监督手续。工程建设过程中，质量监督机构按照质量监督方案对项目施工情况进行不定期检查，主要检查工程各个参建单位的质量行为、质量责任制的贯彻落实情况、工程实体质量和质量保证资料。

设计单位应当就审查合格的施工图纸设计文件向施工单位做出详细说明，参与质量事故分析并提出相应的技术处理方案。

作为监控主体之一的项目监理机构，在施工作业过程中，应通过旁站监理测量、试验、指令文件等一系列控制手段，对施工作业进行监督检查，实现其项目监理规划职能。

八、施工阶段质量控制的主要途径

为了加强对施工过程的作业质量控制，明确各施工阶段质量控制的重点，可将施工过程按照事前质量预控、事中质量监控和事后质量控制 3 个阶段进行质量控制。

（一）事前质量预控

事前质量预控指在正式施工前进行的质量控制，其控制重点是做好施工准备工作，并且施工准备工作要贯穿于施工的全过程。

1.技术准备

技术准备包括熟悉和审查项目的施工图纸，施工条件的调查分析，工程项目设计交底，工程项目质量监督交底，重点、难点部位施工技术交底，编制项目施工组织设计等。

2.物质准备

物质准备包括建筑材料准备、构配件准备、施工机具准备等。

3.组织准备

组织准备包括建立项目管理组织机构，建立以项目经理为核心、技术负责人为主，专职质量检查员、工长、施工队班组长组成的质量管理体系；对施工现场的质量管理职能进行合理分配，健全和落实各项管理制度，形成分工明确、责任清楚的执行机制；集结施工队伍；对施工队伍进行入场教育等。

4.施工现场准备

施工现场准备包括工程测量定位和标高基准点的控制；"五通一平"，一般包括：通上水、通下水、通电、通路、通信、平整土地；生产、生活临时设施等的准备；组织机具、材料进场；制定施工现场各项管理制度等。

（二）事中质量监控

事中质量监控是指在施工过程中进行的质量控制。事中质量控制的策略是全面控制施工过程，重点控制工序质量。

1.施工作业技术复核与计量管理

凡涉及施工作业技术活动基准和依据的技术工作，都应由专人负责复核性检查，复核结果报送监理工程师复验确认后，才能进行后续相关的施工，以避免基准失误给整个工程质量带来难以补救的或全局性的危害。例如，工程的定位、轴线、标高，预留空洞的位置和尺寸等。

施工过程中的计量工作包括投料计量、检测计量等，其正确性与可靠性直接关系到工程质量的形成和客观的效果评价，必须在施工过程中严格控制计量程序、计量器具的使用操作。

2.见证取样、送检工作的监控

见证取样指对工程项目使用的材料、半成品、构配件的现场取样、工序活动效果的检查实施见证。承包单位在对进场材料、试块钢筋接头等实施见证取样前要通知监理工程师，在工程师现场监督下完成取样过程，送往具有相应资质的试验室，试验室出具的报告应一式两份，分别由承包单位和项目监理机构保存，并作为归档材料，这是工序产品质量评定的重要依据。实行见证取样，绝不代替承包单位应对材料、构配件进场时必须进行的自检。

3.工程变更的监控

施工过程中，由于种种原因会涉及工程变更，工程变更的要求可能来自建设单位、设计单位或施工承包单位，无论是哪一方提出工程变更或图纸修改，都应通过监理工程师审查并经有关方面研究，确认其必要性后，由监理工程师发布变更指令方能生效并予以实施。

4.隐蔽工程验收的监控

隐蔽工程验收是指将被其后续工程施工所隐藏的分项、分部工程，在隐蔽前所进行的检查验收。它是对一些已完分部、分项工程质量的最后一道检查。由于检查对象就要被其他工程覆盖，会给以后的检查整改造成障碍，故其是施工质量控制的重要环节。

通常，隐蔽工程施工完毕，承包单位按有关技术规程、规范及施工图纸先进行自检且合格后，填写《____报验申请表》，并附上相应的隐蔽工程检查记录及有关材料证明、试验报告、复试报告等，报送项目监理机构。监理工程师收到报验申请并对质量证明资料进行审查认可后，在约定的时间和承包单位的专职质检员及相关施工人员一起进行现场验收。如符合质量要求，监理工程师在申请表及隐蔽工程检查记录上签字确认，准予承包单位隐蔽，进入下一道工序施工；如经现场检查发现不合格的，监理工程师指令承包单位整改，整改后自检合格再报监理工程师复查。

5.其他措施

批量施工先行样板示范、现场施工技术质量例会、QC 小组（质量控制小组）活动等，也是长期施工管理实践过程中形成的质量控制途径。

（三）事后质量控制

事后质量控制是指在项目竣工后，对项目形成的产品等进行质量管理，其具体工作内容是对已完施工的成品保护、质量验收和对不合格品进行处理。

1.成品保护

在施工过程中，有些分项、分部工程已经完成，而其他部位尚在施工，如果不对成品进行保护就会造成其损伤、污染而影响质量，因此，承包单位必须负责对成品采取妥善措施予以保护。对成品进行保护的最有效手段是合理安排施工顺序，通过合理安排不同工作间的施工顺序以防止后道工序损坏或污染已完施工的成品。此外，也可采取措施来进行成品保护。

2.不合格品的处理

上道工序不合格，不准进入下道工序施工；不合格的材料、构配件、半成品不准进入施工现场且不允许使用；已经进场的不合格品应及时做出标识并记录，指定专人看管，避免用错，并限期清除出现场；不合格的工序或工程产品，不予计价。

3.施工质量检查验收

按照施工质量验收统一标准规定的质量验收划分，从施工作业工序开始，通过多层次的设防把关，依次做好检验批、分项工程、分部工程及单位工程的施工质量验收。

九、建筑工程项目工程质量责任体系

在工程项目建设中，参与工程建设的各方应根据我国颁布的《建设工程质量管理条例》（根据 2019 年 4 月 23 日《国务院关于修改部分行政法规的决定》第二次修订）、合同、协议及有关文件的规定承担相应的质量责任。

（一）建设单位的质量责任

第一，建设单位要根据工程特点和技术要求，按有关规定选择相应资质等级的勘察单位、设计单位、施工单位；在合同中必须有质量条款，明确质量责任，并真实、准确、齐全地提供与建设工程有关的原始资料。凡建设工程项目的勘察、设计、施工、监理及与工程建设有关的重要设备材料等的采购，均实行招标，依法确定程序和方法，择优选定中标者。招标过程中，不得将应由一个承包单位完成的建设工程项目分解成若干部分发包给多个承包单位；不得迫使承包方以低于成本的价格竞标；不得任意压缩合理工期；不得明示或暗示设计单位或施工单位违反建设强制性标准，降低建设工程质量。建设单位对其自行选择的设计单位、施工单位发生的质量问题承担相应责任。

第二，建设单位应根据工程特点，配备相应的质量管理人员。对国家规定的强制实行监理的工程项目，必须委托有相应资质等级的工程监理单位进行监理。

第三，建设单位在工程开工前，负责办理有关施工图设计文件审查、工程施工许可证和工程质量监督手续，组织设计和施工单位认真进行设计交底；在工程施工中，应按国家现行有关工程建设法规技术标准及合同规定，对工程质量进行检查；涉及建筑主体和承重结构变动的装修工程，建设单位应在施工前委托原设计单位或者相应资质等级的设计单位提出设计方案，经原审查机构审批后方可施工；工程项目竣工后，应及时组织设计、施工、工程监理等有关单位进行施工验收，未经验收备案或验收备案不合格的，不得交付使用。

第四，建设单位按合同的约定负责采购供应的建筑材料、建筑构配件和设备，应符合设计文件和合同要求，对发生的质量问题，应承担相应的责任。

（二）勘察、设计单位的质量责任

第一，勘察、设计单位必须在其资质等级许可的范围内承揽相应的勘察、设计任务，不得承揽超越其资质等级许可范围的任务，不得将承揽的工程转包或违法分包，也不得以任何形式以其他单位的名义承揽业务或允许其他单位及个人以本单位的名义承揽业务。

第二，勘察、设计单位必须按照国家现行的有关规定、工程建设强制性技术标准和合同要求进行勘察、设计工作，并对所编制的勘察、设计文件的质量负责。勘察单位提供的地质测量、水文等勘察成果文件必须真实、准确。设计单位提供的设计文件应符合国家规定的设计深度要求，注明工程合理使用年限；设计文件中选用的材料、构配件和设备，应注明规格、型号、性能等技术指标，其质量必须符合国家规定的标准；除有特殊要求的建筑材料、专用设备、工艺生产线外，设计单位不得指定生产厂、供应商；设计单位应就审查合格的施工图文件向施工单位做出详细说明，解决施工中对设计提出的问题，负责设计变更；设计单位参与工程质量事故分析，并对因设计造成的质量事故提出相应的技术处理方案。

第三，注册建筑师、注册结构工程师等注册执业人员应当在设计文件上签字，对设计文件负责。

（三）施工单位的质量责任

第一，施工单位必须在其资质等级许可的范围内承揽相应的施工任务，不得承揽超越其资质等级业务范围的任务，不得将承揽的工程转包或违法分包，也不得以任何形式，以其他施工单位的名义承揽工程或允许其他单位及个人以本单位的名义承揽工程。

第二，施工单位对所承包的工程项目的施工质量负责。应建立健全质量管理体系，落实质量责任制，确定工程项目的项目经理技术负责人和施工管理负责人。实行总承包的工程，总承包单位应对全部建设工程质量负责。建设工程勘察、设计、施工、设备采购的一项或多项实行总承包的，总承包单位应对其承包的建设工程或采购的设备的质量负责；实行总分包的工程，分包单位应按照分包合同约定对其分包工程的质量向总承包单位负责，总承包单位与分包单位对分包工程的质量承担连带责任。

第三，施工单位必须按照工程设计图纸和施工技术规范标准组织施工，未经设计单位同意，不得擅自修改工程设计。在施工过程中，施工单位必须按照工程设计的要求、施工技术规范标准和合同约定，对建筑材料构配件、设备和商品混凝土进行检验，不得偷工减料，不使用不符合设计和强制性技术标准要求的产品，不使用未经检验和试验，或检验和试验不合格的产品。

（四）建筑材料、构配件及设备生产单位、供应单位的质量责任

建筑材料、构配件及设备生产单位、供应单位对其生产或供应的产品质量负责。生产厂或供应商必须具备相应的生产条件、技术装备和质量管理体系，所生产或供应的建筑材料、构配件及设备的质量应符合国家和行业现行的技术规定的合格标准和设计要求，并与说明书和包装上的质量标准相符，且应有相应的产品检验合格证，设备应有详细的使用说明等。

（五）工程监理单位的质量责任

第一，工程监理单位应按其资质等级许可的范围承担工程监理业务，不许超越本单位资质等级许可的范围或以其他工程监理单位的名义承担工程监理业务，不得转让工程监理业务，不许其他单位或个人以本单位的名义承担工程监理业务。

第二，工程监理单位应当选派具备相应资格的监理工程师进驻施工现场。

第三，工程监理单位应依照法律法规及有关技术标准、设计文件和建设工程承包合同，与建设单位签订监理合同，代表建设单位对工程质量实施监理，并对工程质量承担监理责任。如果工程监理单位故意弄虚作假，降低工程质量标准，从而造成质量事故的，要承担法律责任。工程监理单位与承包单位串通，牟取非法利益，给建设单位造成损失的，应与承包单位承担连带赔偿责任。如果监理单位在责任期内，不按照监理合同约定履行监理职责，给建设单位或其他单位造成损失的，属违约责任，应向建设单位赔偿。

（六）工程质量检测单位的质量责任

第一，建设工程质量检测单位必须经省技术监督部门计量认证和省建设行政管理部门资质审查，方可接受委托，对建设工程所用建筑材料、构配件及设备进行检测。

第二，建筑材料、构配件检测所需试样，由建设单位和施工单位共同取样送试或者由建设工程质量检测单位现场抽样。

第三，建设工程质量检测单位应当对出具的检测数据和鉴定报告负责。

第四，工程使用的建筑材料、构配件及设备质量，必须有检验机构或者检验人员签字的产品检验合格证明。

第五，在工程保修期内因建筑材料、构配件不合格出现的质量问题，属于建设工程质量检测单位提供错误检测数据的，由建设工程质量检测单位承担质量责任。

（七）工程质量监督单位的质量责任

第一，工程监督单位受政府主管部门的委托，经建设主管部门考核认定，取得相应的工程质量监督资格，依据有关法律法规和工程建设强制性标准，受理建设工程项目的质量监督。

第二，制订质量监督工作方案，确定负责该项工程的质量监督工程师和助理质量监督师。根据有关法律法规和工程建设强制性标准，针对工程特点，明确监督的具体内容、监督方式。在方案中对地基基础、主体结构和其他涉及结构安全的重要部位及关键过程做出实施监督的详细计划安排，并将质量监督工作方案通知到各个建设、勘察、设计施工、监理等相关单位。

第三，检查施工现场工程建设各方主体的质量行为。检查施工现场工程建设各方主体及有关人员的资质或资格；检查勘察、设计、施工、监理等单位的质量管理体系和质量责任制落实情况；检查有关质量文件技术资料是否齐全，是否符合规定。

第四，检查建设工程的实体质量。按照质量监督工作方案，对建设工程地基、主体结构和其他涉及安全的关键部位进行现场实地抽查，对用于工程的主要建筑材料、构配件的质量进行抽查。对地基基础分部、主体结构分部和其他涉及安全的分部工程的质量验收进行监督。

第五，监督工程质量验收。监督建设单位组织的工程竣工验收的组织形式、验收程序，在验收过程中提供的有关资料和形成的质量评定文件是否符合有关规定，实体质量是否存在严重缺陷，工程质量验收是否符合国家标准。

第六，向委托部门报送工程质量监督报告。报告的内容应包括对地基基础和主体结构质量检查的结论，工程施工验收的程序、内容和质量检验评定是否符合有关规定及历次抽查该工程的质量问题和处理情况等。

第七，对预制建筑构件和商品混凝土的质量进行监督。

十、建筑工程项目工程质量管理制度

（一）施工图设计文件审查制度

施工图审查是指国务院建设行政主管部门和省、自治区、直辖市人民政府建设行政主管部门委托依法认定的设计审查机构，根据国家法律、法规技术标准与规范，对施工图结构安全和强制性标准、规范执行情况等进行的独立审查。

1.施工图审查的范围

建筑工程设计等级分级标准中的各类新建、改建、扩建的建筑工程项目均属审查范围。省、自治区、直辖市人民政府建设行政主管部门，可结合本地的实际情况，确定具体的审查范围。建设单位应将施工图设计文件报送建设行政主管部门，由建设行政主管部门委托有关审查机构，进行结构安全和强制性标准、规范执行情况等内容的审查。建设单位将施工图设计文件报请审查时，应同时提供下列资料：批准的立项文件或初步设计的批准文件、主要的初步设计文件、工程勘察成果报告、结构计算书及计算软件名称等。

2.施工图审查的主要内容

第一，建筑物的稳定性、安全性审查，包括地基基础和主体结构体系是否安全、可靠。第二，是否符合消防、节能、环保、抗震、卫生、人防等有关强制性标准、规范。第三，施工图是否达到规定的深度要求。第四，是否损害公众利益。

3.施工图审查有关各方的职责

第一，国务院建设行政主管部门负责全国施工图审查管理工作。省、自治区、直辖市人民政府建设行政主管部门负责组织本行政区域内的施工图审查工作的具体实施和监督管理工作。

建设行政主管部门在施工图审查工作中主要负责制定审查程序、审查范围、审查内容、审查标准并颁发审查批准书；负责制定审查机构和审查人员条件，批准审查机构，认定审查人员；对审查机构和审查工作进行监督并对违规行为进行查处；对施工图设计审查负依法监督管理的行政责任。

第二，勘察、设计单位必须按照工程建设强制性标准进行勘察、设计，并对勘察、设计质量负责。审查机构按照有关规定对勘察成果施工图设计文件进行审查，但并不改变勘察设计单位的质量责任。

第三，审查机构接受建设行政主管部门的委托并对施工图设计文件涉及安全和强制性标准执行的情况进行技术审查。建设工程经施工图设计文件审查后因勘察设计而发生工程质量问题，审查机构承担审查失职的责任。

第四，施工图审查程序。施工图审查的各个环节可按以下步骤办理：①建设单位向建设行政主管部门报送施工图设计文件，并做书面登记；②建设行政主管部门委托审查机构进行审查，同时发出委托审查通知书；③审查机构完成审查，向建设行政主管部门提交技术性审查报告；④审查结束，建设行政主管部门向建设单位发出施工图审查批准书；⑤报审施工图设计文件和有关资料建设单位应存档备查。

第五，施工图设计文件审查管理。施工图一经审查批准，不得擅自修改。如遇特殊情况需要进行主要内容的修改时，必须重新报请原审批部门，由原审批部门委托审查机构审查后再批准实施。建设单位或者设计单位对审查机构做出的审查报告如有重大分歧时，可由建设单位或者设计单位向所在省、自治区、直辖市人民政府建设行政主管部门提出复查申请，由后者组织专家论证并做出复查结果。

施工图审查工作所需的经费，由施工图设计文件审查机构按有关收费标准向建设单位收取。建筑工程竣工验收时，有关部门应按照审查批准的施工图进行验收。

建设单位要对报送的审查材料的真实性负责；勘察、设计单位对提交的勘察报告设计文件的真实性负责，并积极配合审查工作。

（二）工程质量监督制度

我国实行建设工程质量监督管理制度。工程质量监督管理的主体是各级政府建设行政主管部门和其他有关部门。

工程质量监督机构是经省级以上建设行政主管部门或有关专业部门考核认定，具有独立法人资格的单位。它受县级以上地方人民政府建设行政主管部门或有关专业部门的委托，依法对工程质量进行强制性监督，并对委托部门负责。

（三）工程质量检测制度

工程质量检测工作是对工程质量进行监督管理的重要手段之一。工程质量检测机构是对建设工程、建筑构件、制品及现场所用的有关建筑材料、设备质量进行检测的法定单位，在建设行政主管部门领导和标准化管理部门指导下开展检测工作，其出具的检测报告具有法定效力。法定的国家级检测机构出具的检测报告，在国内为最终裁定，在国外则代表国家的性质。

检测机构的主要任务如下：①对正在施工的建设工程所用的材料，如混凝土、砂浆和建筑构件等进行随机抽样检测，并向本地建设工程质量主管部门和质量监督部门提供抽样报告和提出建议。②受建设行政主管部门委托，对建筑构件、制品进行抽样检测。对违反技术标准、失去质量控制的产品，检测单位有权提供主管部门停止其生产的证明。责令不合格产品不准出厂，已出厂的产品不得使用。

（四）工程质量保修制度

建设工程质量保修制度是指建设工程在办理交工验收手续后，在规定的保修期限内，因勘察、设计、施工等造成的质量问题，要由施工单位负责改正、维修、更换，并由责任单位负责赔偿损失。质量问题是指工程不符合国家工程建设强制性标准、设计文件以及合同中对质量的要求。

建设工程承包单位在向建设单位提交工程竣工验收报告时，应向建设单位出具工程质量保修书，质量保修书中应明确建设工程保修范围、保修期限和保修责任等。

根据《建设工程质量管理条例》规定，在正常使用条件下，建设工程的最低保修期限为：①基础设施工程、房屋建筑工程的地基基础和主体结构工程，为设计文件规定的该工程的合理使用年限。②屋面防水工程、有防水要求的卫生间、房间和外墙面的防渗漏，其保修期限为5年。③供热与供冷系统，为两个采暖期和供冷期。④电气管线、给排水管道、设备安装和装修工程，其保修期限为 2 年。其他项目的保修期由建设单位与施工单位约定。保修期自竣工验收合格之日起计算。

　　建设工程在保修范围和保修期限内发生质量问题时，施工单位应当履行保修义务。保修义务的承担和经济责任的承担应按下列原则处理：①施工单位未按国家有关标准、规范和设计要求施工，造成的质量问题，由施工单位负责返修并承担经济责任。②由于设计方面造成的质量问题，先由施工单位负责维修，其经济责任按有关规定通过建设单位向设计单位索赔。③因建筑材料、构配件和设备质量不合格引起的质量问题，先由施工单位负责维修，其经济责任属于施工单位采购的，由施工单位承担经济责任；属于建设单位采购的，由建设单位承担经济责任。④因建设单位（含监理单位）错误管理造成的质量问题，先由施工单位负责维修，其经济责任由建设单位承担；如属监理单位责任，则由建设单位向监理单位索赔。⑤因使用单位使用不当造成的损坏问题，先由施工单位负责维修，其经济责任由使用单位自行负责。⑥因地震、洪水、台风等不可抗拒因素造成的损坏问题，先由施工单位负责维修，建设参与各方根据国家具体政策分担经济责任。

第三章 建筑工程项目质量验收

第一节 建筑工程项目质量验收标准

一、建筑工程项目建设标准的基本知识

（一）工程建设标准的概念

工程建设标准是对工程建设活动中重复的事物和概念所做的统一规定，它以科学技术和实践经验的综合成果为基础，经有关方面协商，由主管机构批准，以特定的形式发布，作为共同遵守的准则和依据。需要指出的是，工程建设过程中经常使用的"标准""规范""规程"等技术文件，实际上都是标准的不同表现形式而已。

（二）工程建设标准的性质

我国实行强制性标准与推荐性标准并行的双轨制，近年又增加了强制性条文这一层次。这三类标准规范可概括地以"行政性""推荐性"和"法律性"来表达其执行力度上的差别，如表3-1所示。

表 3-1

类别	内容及说明
强制性标准 （GB、JGJ、DB）	由政府有关部门以文件形式公布的标准规范。它有文件号及指定管理的行政部门，带有"行政命令"的强制性质。至20世纪90年代末，我国的工程建设标准规范中的97%为强制性标准

类别	内容及说明
推荐性标准 （CECS、GB/T、JGJ/T）	20世纪70年代后，我国开始实行由行业协会、学会来编制、管理标准的做法。由非官方的中国工程建设标准化协会编制了一批标准、规范。其特点是"自愿采用"，故带有推荐性质。标准的约束力是通过合同、协议的规定而体现的。作为强制性标准的补充，它起到了及时推广先进技术的作用；并且可以补充大规范中难以顾及的局部，从而起到完善规范体系的作用
强制性条文	这是具备一定法律性质的强制性标准的个别条文

（三）工程建设标准的分类（等级）

国家标准（GB）：在全国范围内普遍执行的标准规范，约占9%。

行业标准（JGJ）：在建筑行业范围内执行的标准规范，约占67%。

地方标准（DB）：在局部地区、范围内执行的标准规范。一般是经济发达地区为反映先进技术，或为适应具有地方特色的建筑材料而制定的，约占21%。

企业标准（QB）：仅适用于企业范围内。其一般反映企业先进的或具有专利性质的技术，或专为满足企业的特殊要求而制定。企业标准属于企业行为，国家并不干预。有关统计表明，我国的大型建筑企业，20%～40%有自己的企业标准或相当于企业标准的技术文件，如技术措施、统一规定等。

（四）工程建设标准的作用

基础标准是指所有技术问题都必须服从的统一规定，如名词、术语、符号、计量单位、制图规定等，是技术交流的基础。

应用标准是为指导工程建设中的各种行为所制定的规定，如规划、勘察、设计、施工等。绝大多数工程建设标准规范属于此类。

验评标准指对建筑工程的质量通过检测而加以确认，以作为可投入使用的依据，由此而制定的规定为检验评定标准。这也是工程建设标准规范体系中不可缺少的一环。

（五）工程建设标准的管理

标准编制：第一次制定标准规范称为"编制"。公布时赋予固定不变的编号。建筑类的国家标准原为GBJ×××，现明确为 GB 50×××。

标准修订：为适应技术进步，标准规范需要不断进行修订。我国《中华人民共和国标准化法》和《中华人民共和国标准化法实施条例》规定 5 年或 10 年左右进行一次全面修订，其间还可根据具体情况进行若干次局部修订。

标准之间的服从关系：下级标准服从上级标准，推荐标准服从强制标准，应用标准服从基础标准。"服从"意味着不得违反与上级标准有关的原则和规定，但"服从"不等于"替代"。在上级标准中未能反映的属于发展性的先进技术或未能概括的一些局部、特殊问题，下级标准可以超越或列入，但不能互相矛盾或降低要求。

标准之间的分工关系：在标准规范体系中，每本标准规范只能规定特定范围内的技术内容。在所有标准规范总则的第 1.0.2 条及相应的条文说明中都会明确指出其应用的范围。标准规范之间切忌交叉、重复。多头管理可能会造成标准规范之间的矛盾，必须加以避免。

标准之间的协调关系：技术问题往往交织成复杂的网络。每一本标准规范必然会发生与其相邻技术的相互配合问题。在分工的同时，要求相关标准规范在有关技术问题上互相衔接。最常用的衔接形式是"应符合现行有关标准的要求"或"应遵守现行有关规范的规定"等。当然，还应在正文或条文说明中明确列出相关标准规范的名称、编号等，以便应用。

标准的管理、解释和出版发行：标准规范发布文件中均明确规定了标准的管理、解释和出版发行单位。一般由行政部门或协会管理；由主编单位成立管理组负责具体解释工作；由有关部门通过专业出版社进行出版发行，专业出版社通常为中国建筑工业出版社或中国计划出版社。

二、建筑工程施工项目质量验收规范体系

为了加强建筑工程质量管理，统一建筑工程施工项目质量的验收，保证工程质量，2013 年，我国住房和城乡建设部颁布了《建筑工程施工质量验收统一标准》（GB50300—2013），并从 2014 年 6 月 1 日开始实施。其中，第 5.0.8、6.0.6 条为强制性条文，必须严格执行。原《建筑工程施工质量验收统一标准》GB50300—2001同时废止。

本次标准修订继续遵循"验评分离、强化验收、完善手段、过程控制"的指导原则，在验收体系及方法上与原标准保持一致，仅作局部的修订。

"验评分离"将原验评标准中的质量检验与质量评定的内容分开，将原施工及验收规范中的施工工艺和质量验收的内容分开，将验评标准中的质量检验与施工规范中的质量验收衔接，形成工程质量验收规范。原施工及验收规范中的施工工艺部分，可作为企业标准或行业推荐性标准；原验评标准中的评定部分，主要是对企业操作工艺水平进行评价，可作为行业推荐标准，为社会及企业的创优评价提供依据。

"强化验收"是将原施工规范中的验收部分与验评标准中的质量检验内容合并，形成完整的工程质量验收规范。作为强制性标准，它是建设工程必须完成的最低质量标准，是施工单位必须达到的施工质量标准，也是建设单位验收工程质量所必须遵守的规定。其规定的质量指标都必须达到。

"强化验收"并非意味着施工质量就是看最后的结果，只要验收合格就可以。实际上，这里讲的"强化验收"并非特指工程竣工验收，而是指工序过程的验收。上一道工序没有验收就不能进入下一道工序。这与《建设工程质量管理条例》中"事前控制，过程控制"的要求是一致的。

把"强化验收"片面理解为放弃对生产过程的质量控制是一种曲解。"强化验收"体现在：①强制性标准；②只设"合格"一个质量等级；③强化质量指标都必须达到规定的指标；④增加检测项目。

工程施工质量检测，可分为基本试验、施工试验和竣工抽样试验三个部分。

基本试验具有法定性，其质量指标、检测方法都有相应的国家标准或行业标准。其方法、程序、设备仪器，以及人员素质都应符合有关标准的规定，其试验一定要符合相应标准方法的程序及要求，要有复演性，其数据要有可比性。

施工试验是施工单位内部质量控制所进行的试验。判定质量时，要注意技术条件、试验程序和第三方见证，保证其统一性和公正性。

竣工抽样试验即确认施工检测的程序、方法，检测数据的规范性和有效性，为保证工程的结构安全和使用功能的完善提供数据，统一施工检测方法及竣工抽样检测的仪器设备等。

"过程控制"是根据工程施工质量的特点进行的质量管理。一个工程无论大小，如果没有科学严格的施工过程控制，就没有工程最终的质量验收合格结果。工程质量验收是建立在施工全过程控制的基础之上的，即：①体现在建立过程控制的各项制度上；②在基本规定中，设置控制的要求，强调将中间控制和合格控制，以及综合质量水平的考核，作为质量验收的要求及依据文件；③验收规范的本身，分项、分部（子分部）、单位（子单位）工程的验收，就是过程的控制。

第二节 建筑工程项目质量验收的划分

建筑工程产品的固定性和生产的流动性，产品生产周期长，生产时受外界因素影响多，这些导致建筑工程产品的质量容易出现问题。建筑工程项目竣工后无法检查工程的内在质量，因此有必要对建筑工程施工项目质量验收进行划分。通过过程检验和竣工验收，实施施工过程控制和终端把关，确保工程质量达到预期目标。

一、建筑工程项目单位工程的划分

单位工程的划分应根据下列原则确定：①将具备独立施工条件并具有独立使用功能的建筑物或构筑物作为一个单位工程。②对于规模较大的单位工程，可将其能形成独立使用功能的部分划分为一个子单位工程。

一个独立的、单一的建筑物或构筑物，具有独立施工条件和能形成独立使用功能的即为一个单位工程，如一栋住宅楼、一个教学楼、一个变电站等。

随着经济的发展和施工技术的进步，大量建筑规模较大的单体工程和具有综合使用功能的综合性建筑物开始涌现，几万平方米的建筑物比比皆是。这些建筑物的施工周期一般较长，受多种因素的影响（如后期建设资金不足，部分停建或缓建；投资者为追求最大的投资效益，在建设期间，需要将其中一部分提前建成使用；规模特别大的工程，一次性验收也不方便等），因此可将此类工程划分为若干个子单位工程进行验收。

具有独立施工条件和具有独立使用功能是单位（子单位）工程划分的基本要求。子单位工程的划分一般根据工程的建筑设计分区、使用功能的显著差异、结构缝的设置等实际情况，在施工前由建设单位、监理单位、施工单位自行商议确定，并据此收集整理施工技术资料和验收。比如一个公共建筑由50层主楼和5层配楼组成，作为商场的5

层配楼施工完成后，可以作为子单位工程进行验收并先行使用。

二、建筑工程项目分部工程的划分

分部工程的划分应遵循下列原则：

第一，可按专业性质、工程部位划分。在建筑工程的分部工程中，将原建筑电气安装分部工程中的强电和弱电部分独立出来各为一个分部工程，称其为建筑电气分部和智能建筑分部。修订时又增加了建筑节能分部，因此建筑工程划分为地基与基础、主体结构、建筑装饰装修、建筑屋面、建筑给水排水及采暖、建筑电气、智能建筑、通风与空调、建筑节能、电梯等十个分部。在单位工程中，不一定都有十个分部工程。

地基与基础分部工程包括设计标高±0.00 及其以下的结构和防水工程。有地下室的工程，其首层地面下的结构（现浇混凝土楼板或预制楼板）均纳入地基与基础分部工程；没有地下室的工程，墙体以防潮层分界。室内以地面垫层以下分界，灰土、混凝土等垫层应纳入装饰工程的建筑地面子分部工程；桩基础以承台上皮分界。

有地下室的工程，除了结构和地下防水工程列入地基与基础分部工程，其他地面、装饰、门窗等工程列入建筑装饰装修分部工程，地面防水工程也列入建筑装饰装修分部工程。

第二，当分部工程较大或较复杂时，可按材料种类、施工特点、施工程序、专业系统及类别将分部工程划分为若干子分部工程。随着生产、生活条件的提高，建筑物的内部设施也越来越多样化，建筑物相同部位的设计也呈多样化，新型材料大量涌现，加之施工工艺和技术的发展，分项工程越来越多。因此，按建筑物的主要部位和专业来划分分部工程已不适应当下的要求。在分部工程中按相近工作内容和系统划分若干子分部工程，这样有利于正确评价建筑工程质量，也有利于验收。例如，建筑装饰装修分部工程又划分为地面工程、抹灰工程、门窗工程、吊顶工程、轻质隔墙工程、饰面板工程、饰面砖工程、涂饰工程、裱糊与软包工程、细部工程等多个子分部工程。

三、建筑工程项目分项工程的划分

分项工程可按主要工种、材料、施工工艺、设备类别进行划分。一个单位工程由开始施工准备工作到最后交付使用，要经过若干工序、若干工种的配合。为了便于控制、检查和验收每个工序和工种的质量，需要把工程分为分项工程。建筑与结构工程应按主要工种划分分项工程，也可按施工工艺和使用材料的不同进行划分：混凝土结构工程按主要工种分为模板工程、钢筋工程、混凝土工程等分项工程；按施工工艺分为预应力、现浇结构、装配式结构等分项工程；砌体结构工程按材料分为砖砌体、混凝土小型空心砌块砌体、石砌体等分项工程。

建筑设备安装工程应按工种种类及设备类别等划分分项工程，也可按系统、区段来划分。如室外排水管网分为排水管道安装、排水管沟与井池等分项工程；热源及辅助设备安装分为锅炉安装、辅助设备及管道安装等分项工程。

地基基础中的土石方、基坑支护子分部工程及混凝土工程中的模板工程，虽不构成建筑工程实体，但它是建筑工程施工项目中不可缺少的重要环节和必要条件，其施工质量不仅关系到工程能否施工和施工安全，也关系到建筑工程的质量，因此将其列入施工验收内容是必要的。

四、检验批的划分

检验批可根据施工、质量控制和专业验收的需要，按工程量、楼层、施工段、变形缝进行划分。分项工程划分成检验批进行验收，有利于及时纠正施工中出现的质量问题，确保工程质量，也符合施工实际需要。检验批划分的好坏反映了工程质量的管理水平的高低；划分得太小则增加工作量，划分得太大则返工时的工作量太大，大小相差太悬殊时，其验收结果的可比性较差。

多层及高层建筑工程中主体分部的分项工程可按楼层或施工段来划分检验批，单层建筑工程的分项工程可按变形缝等划分检验批；地基基础分部工程中的分项工程一般划分为一个检验批，有地下室的基础工程可按不同地下层划分检验批；屋面分部工程中的分项工程的不同楼层屋面可划分为不同的检验批，其他分部工程中的分项工程，一般按楼面划分检验批；对于工程量较少的分项工程可统一划分为一个检验批；安装工程一般按一个设计系统或设备组分别划分为一个检验批；室外工程统一划分为一个检验批；散水、台阶、明沟等被包含在地面检验批中。

第三节 建筑工程项目质量验收规定

建筑工程质量验收时，一个单位工程最多可划分为单位工程、子单位工程、分部工程、子分部工程、分项工程和检验批六个层次。对于每一个验收层次的验收，国家标准《建筑工程施工质量验收统一标准》（GB50300—2013）只给出了合格条件，并没有给出优良标准。也就是说，现行国家质量验收标准为强制性标准，对于工程质量验收只设一个"合格"质量等级，工程质量在被评定为合格的基础上，希望有更高质量等级评定的，可按照另外制定的推荐性标准执行。

一、建筑工程项目检验批质量验收规定

（一）主控项目和一般项目的质量经抽样检验的合格标准

1.主控项目

主控项目的条文是必须达到的要求，是保证工程安全和使用功能的重要检验项目，是对安全、卫生、环境保护和公众利益起决定性作用的检验项目，是确定该检验批主要性能的检验项目。主控项目中所有子项目必须全部符合各专业验收规范规定的质量指标，方能判定该主控项目质量合格。反之，只要其中某一子项甚至某一抽查样本检验后没有达到要求，即可判定该检验批质量为不合格，则该检验批拒收。换言之，主控项目中某一子项甚至某一抽查样本的检查结果若为不合格时，即行使对检验批质量的否决权。主控项目检验主要有以下内容：

第一，重要材料、构件及配件、成品及半成品、设备性能及附件的材质、技术性能等。检查出厂证明及试验数据，如水泥、钢材的质量，预制楼板、墙板、门窗等构配件的质量，风机等设备的质量等。检查出厂证明，其技术数据、项目应符合有关技术标准的规定。

第二，结构的强度、刚度和稳定性等检验数据、工程性能。如混凝土、砂浆的强度，钢结构的焊缝强度，管道的压力试验，风管的系统测定与调整，电气的绝缘、接地测试，电梯的安全保护、试运转结果等。检查测试记录，其数据及项目要符合设计要求和相关

验收规范规定。

第三，一些重要的允许偏差项目，必须控制在允许偏差限值之内。

2.一般项目

一般项目是指除主控项目以外，对检验批质量有影响的检验项目。当其中缺陷（指超过规定质量指标的部分）的数量超过规定的比例，或样本的缺陷程度超过规定的限度后，对检验批质量会产生影响。一般项目主要分为以下几种：

第一，允许有一定偏差的项目，用数据规定的标准，可以有个别偏差范围，最多不超过 20％ 的检查点可以超过允许偏差值，但也不能超过允许值的 150％。

第二，对不能确定偏差值而又允许出现一定缺陷的项目，则以缺陷的数量来区分。如砖砌体预埋拉结筋留置间距的偏差、混凝土钢筋露筋等。

第三，一些无法定量而采用定性的项目。如碎拼大理石地面颜色协调，无明显裂缝和坑洼；卫生器具给水配件安装项目，接口严密，启闭部分灵活；管道接口项目，无外露油麻等。

（二）具有完整的施工操作依据、质量检查记录

质量控制资料反映了检验批从原材料到最终验收的各施工工序的操作依据、检查情况以及保证质量所必需的管理制度等。对其完整性的检查，实际是对过程控制的确认，这是检验批合格的前提。

二、建筑工程项目分项工程质量验收规定

（一）分项工程所含的检验批均应符合合格质量的规定

分项工程是由所含性质、内容一样的检验批汇集而成的。分项工程质量的验收是在检验批验收的基础上进行的，是一个统计过程，有时也有一些直接的验收内容，所以在验收分项工程时应注意以下几点：

第一，核对检验批的部位、区段是否全部覆盖分项工程的范围，是否有缺漏的部位没有验收到。

第二，一些在检验批中无法检验的项目，在分项工程中直接验收。如砖砌体工程中的全高垂直度、砂浆强度的评定等。

第三，检验批验收记录的内容是否正确、齐全及签字人是否签署规范。

（二）分项工程所含的检验批的质量验收记录应完整

分项工程质量合格的条件比较简单，只要分项工程的各检验批的验收资料文件完整，并且均已验收合格，则分项工程验收合格。

三、建筑工程项目检验批与分项工程质量验收记录及填写说明

（一）检验批质量验收记录及填写说明

检验批的质量验收记录由施工项目专业质量检查员填写，监理工程师（建设单位项目专业技术负责人）、组织项目专业质量检查员等进行验收。

在实际工程中，对于每一个检验批的检查验收，按各分部工程质量验收规范的规定，施工单位应填写上述验收表格，先进行自行检查，并将检查的结果填在《施工单位检查评定记录单》内，然后报给监理工程师申请验收，监理工程师依然采用同样的表格按规定的数量抽测，如果符合要求，就在《监理（建设）单位验收记录单》内填写验收结果，这是一种形式。另外还有一种做法，即某分项工程检验批完成后，监理工程师和施工单位进行平行检验，由施工单位填写验收记录中的实测结果，由监理单位填写验收结论。

（二）分项工程质量验收记录及填写说明

分项工程质量应由监理工程师（或建设单位项目专业技术负责人）、组织项目专业技术负责人等进行验收。

分项工程质量验收记录填写说明：

第一，表名填上所验收分项工程的名称。

第二，表头及"检验批部位、区段""施工单位检查评定结果"均由施工单位专业质量检查员填写，由施工单位的项目专业技术负责人检查后给出评价并签字，交监理单位或建设单位验收。

第三，监理单位的专业监理工程师（或建设单位项目专业技术负责人）应逐项审查，

同意项填写"合格"或"符合要求"，不同意项暂不填写，待处理后再验收，但应做标记，注明验收和不验收的意见。如同意验收应签字确认，不同意验收要指出存在的问题，给出处理意见和完成时间。

四、建筑工程项目分部（子分部）工程质量验收规定

（一）分部（子分部）工程所含分项工程的质量均应验收合格

在实际验收中，这项内容也是一项统计工作。在做这项工作时应注意以下三点：

第一，检查每个分项工程验收是否正确。

第二，注意检查核对所含分项工程，有没有漏、缺的分项工程没有进行归纳，或没有进行验收。

第三，注意检查分项工程的资料是否完整，每个验收资料的内容是否有缺漏项，以及各分项工程验收人员的签字是否齐全及符合规定。

（二）质量控制资料应完整

质量控制资料完整是工程质量合格的重要条件。在分部工程质量验收时，应根据各专业工程质量验收规范的规定，对质量控制资料进行系统的检查，重点检查资料的齐全、项目的完整、内容的准确和签署的规范这几个方面。

质量控制资料检查实际也是统计、归纳工作，主要包括以下三个方面的资料：

第一，核查和归纳各检验批的验收记录资料，检查核对其是否完整。有些对龄期要求较长的检测资料，在分项工程验收时，尚不能及时提供，应在分部（子分部）工程验收时进行补查。

第二，检验批验收时，要求检验批资料准确完整，对在施工中不符合质量要求的检验批、分项工程按有关规定进行处理，处理后的资料进行归档审核。

第三，注意核对各种资料的内容、数据及验收人员签字的规范性。对于建筑材料的复验范围，各专业验收规范都作了具体规定，检验时按产品标准规定的组批规则、抽样数量、检验项目进行；但有的规范另有不同要求，这一点在核查质量控制资料时须引起注意。

（三）分部工程有关安全及功能的检验和抽样检测结果应符合有关规定

这项验收内容包括安全检测资料与功能检测资料两个部分。涉及结构安全及使用功能检验（检测）的要求，应按设计文件及各专业工程质量验收规范中的具体规定执行。检测项目在各专业质量验收规范中已有明确规定，在验收时应注意以下三个方面的工作：

第一，检查各规范中规定的检测的项目是否都进行了验收，不能进行检测的项目应该说明原因。

第二，检查各项检测记录（报告）的内容、数据是否符合要求，包括检测项目的内容、所遵循的检测方法标准、检测结果的数据是否达到了规定的标准。

第三，核查资料的检测程序，有关取样人、检测人、审核人、试验负责人，以及公章、签字是否齐全等。

（四）观感质量验收应符合要求

观感质量验收是指在分部工程所含的分项工程完成后，在前三项检查的基础上，对已完工部分工程的质量，采用目测、触摸和简单量测等方式进行。

分部（子分部）工程观感质量验收，其检查的内容和质量指标包含在各个分项工程内。对分部工程进行观感质量的检查和验收，并不增加新的项目，只是转换一下视角，采用一种更直观、便捷、快速的方法，对工程质量从外观上做一次重复的、扩大的、全面的检查，这是由建筑施工特点所决定的。

在进行质量检查时，要注意在现场能全部看到工程的各个部位，能操作的应实地操作，观察其方便性、灵活性或有效性等；能打开观察的应打开观察，全面检查分部（子分部）工程的质量。

观感质量验收并不给出"合格"或"不合格"的结论，而是给出"好、一般、差"的总体评价。所谓"好"，是指在质量符合验收规范的基础上，能达到精致、流畅、匀净的要求，精度控制好；所谓"一般"，是指经观感质量检验能符合验收规范的要求；所谓"差"，是指勉强达到验收规范的要求，但质量不够稳定，离散性较大，给人以粗疏的印象。

观感质量验收中若发现有影响安全、功能的缺陷，有超过偏差限值或明显影响观感效果的缺陷，则不能评价，应处理后再进行验收。

评价时，施工企业应先自行检查合格后，由监理单位来验收。参加评价的人员应具有相应的资格，由总监理工程师组织，不少于三位监理工程师来检查，在听取其他参加人员的意见后，共同做出评价，但总监理工程师的意见应为主导意见。在做评价时，可分项目逐点评价，也可按项目进行大的方面的综合评价，最后对分部（子分部）做出评价。

（五）分部（子分部）工程质量验收记录及填写说明

分部（子分部）工程质量应由总监理工程师（或建设单位项目专业负责人）、组织施工项目经理和有关勘察、设计单位的项目负责人进行验收。

分部（子分部）工程质量验收记录填写说明如下：

1.表名及表头部分

（1）表名

分部（子分部）工程的名称填写要具体，写在分部（子分部）工程的前边，并画掉分部、子分部其一。

（2）表头部分

表头部分的工程名称要填写工程全称，与检验批、分项工程、单位工程验收表的工程名称一致。

2.验收内容

（1）分项工程

分项工程应按分项工程第一个检验批施工先后的顺序，将分项工程名称填上，在第二栏内分别填写各项工程实际的检验批数量，并将各分项工程评定表按顺序附在表后。

（2）质量控制资料

第一，按 GB 50300—2013《建筑工程施工质量验收统一标准》附表 H.0.1-2《单位工程质量控制资料核查记录》中的相关内容，来确定所验收的分部工程的质量控制资料项目，根据资料中检查的要求，逐项进行核查。

第二，能基本反映工程质量情况，达到保证结构安全和使用功能的要求，可通过验收。全部项目都通过，可在施工单位核查意见栏内打"√"标注检查合格，并送监理单位或建设单位验收。监理单位总监理工程师组织审查，符合要求后，在结论栏内签注"同意验收"。

（3）安全和功能检验（检测）报告

第一，按附表 H.0.1-3《单位工程安全和功能检验资料核查及主要功能抽查记录》中的相关内容，本项目指竣工抽样检测的项目，能在分部（子分部）工程中检测的，尽量放在分部（子分部）工程中检测。

第二，每个检测项目都通过审查，即可在施工单位核查意见栏内标注检查合格。由项目经理送监理单位或建设单位验收，监理单位总监理工程师或建设单位项目专业负责人组织审查，符合要求后，在验收意见结论处栏内签注"同意验收"。

（4）观感质量验收

观感质量验收由施工单位项目经理组织进行现场检查，经检查合格后，将施工单位填写的内容填写好后，由项目经理签字后交监理单位或建设单位验收。

3.验收单位签字认可

表中列出的参与工程建设责任单位的有关人员应亲自签名，以示负责，并方便追查质量责任。

五、建筑工程项目单位（子单位）工程质量验收规定

（一）单位（子单位）工程质量验收合格条件

1.单位（子单位）工程所含分部（子分部）工程的质量均应验收合格

总承包单位应事先认真准备，将所有分部、子分部工程质量验收的记录表及时进行收集整理，并列出目次表，依序将其装订成册。在核查及整理的过程中，应注意以下三点：

第一，核查各分部工程中所含的子分部工程是否齐全。

第二，核查各分部、子分部工程质量验收记录表的质量评价是否完善。如分部、子分部工程质量的综合评价，质量控制资料的评价，地基与基础、主体结构和设备安装分部、子分部工程的有关安全及功能的检测和抽测项目的检测记录，以及分部、子分部观感质量的评价等。

第三，核查分部、子分部工程质量验收记录表的验收人员是否是规定的有相应资质的技术人员，并进行评价和签认。

2.质量控制资料应完整

第一，建筑工程质量控制资料是反映建筑工程施工项目过程中各个环节工程质量状况的基本数据和原始记录，反映完工项目的测试结果和记录。这些资料是反映工程质量的客观见证，是评价工程质量的主要依据。工程质量资料是工程的"合格证"和技术"证明书"。

第二，单位（子单位）工程质量验收，质量控制资料应完整，总承包单位应将各分部（子分部）工程应有的质量控制资料进行核查。图纸会审及变更记录，定位测量放线记录，施工操作依据，原材料、构配件等质量证书，按规定进行检验的检测报告，隐蔽工程验收记录，施工中的有关施工试、测试、检验等，以及抽样检测项目的检测报告等，由总监理工程师进行核查确认，可按单位工程所包含的分部、子分部分别核查，也可综合抽查。其目的是对建筑结构、设备性能、使用功能方面等主要技术性能的检验。

第三，由于每个工程的具体情况不一，因此资料是否完整，要视工程特点和已有资料的情况而定。总之，有一点是验收人员应掌握的，即看其是否可以反映工程的结构安全和使用功能，是否能达到设计要求。资料如果能反映该工程的结构安全和使用功能，能达到设计要求，则可认为是完整的；否则，不能判定为完整。

3.单位（子单位）工程所含分部工程有关安全和功能的检测资料应完整

第一，在分部、子分部工程中提出了一些检测项目，在分部、子分部工程检查和验收时，应进行检测来保证和验证工程的综合质量和最终质量。这种检测（检验）应由施工单位来进行，检测过程中可请监理工程师或建设单位有关负责人参加监督检测工作，检测结果达到要求后，形成检测记录并签字认可。在单位工程、子单位工程验收时，监理工程师应对各分部、子分部工程应检测的项目进行核对，对检测资料的数量、数据及使用的检测方法、检测标准、检测程序进行核查，并核查有关人员的签署情况等。

第二，这种对涉及安全和使用功能的分部工程检验资料的复查，不仅要全面检查其完整性（不得有漏检缺项），而且也要复核分部工程验收时补充进行的见证抽样检验报告。这种强化验收的手段体现了对安全和主要使用功能的重视。

4.主要功能项目的抽查结果应符合相关专业质量验收规范的规定

第一，使用功能的检查是对建筑工程和设备安装工程最终质量的综合检验，也是用户最为关心的内容。因此，在分项、分部工程验收合格的基础上，在竣工验收时再做全面检查。通常主要功能抽测项目应为有关项目最终的综合性的使用功能，如室内环境检测、屋面淋水检测、照明全负荷试验检测、智能建筑系统运行等。

第二，抽查项目是在检查资料文件的基础上由参加验收的各方人员商定，并用计量、计数的抽样方法确定检查部位。检查要求按有关专业工程施工质量验收标准进行。

5.观感质量验收应符合要求

单位工程观感质量的验收方法和内容与分部、子分部工程的观感质量评价一样，只是分部、子分部工程的范围小一些而已，一些分部、子分部工程的观感质量，在单位工程检查时有些已经看不到了。所以单位工程的观感质量更宏观一些，其内容按各有关检验批的主控项目、一般项目有关内容综合掌握，给出"好""一般""差"的评价。

（二）单位（子单位）工程质量验收记录及填写说明

单位（子单位）工程质量验收应按表记录，主要包括单位工程质量竣工验收的汇总表、单位（子单位）工程质量控制资料核查记录表、单位（子单位）工程安全和功能检验资料核查及主要功能抽查记录表、单位（子单位）工程观感质量检查记录表。

验收记录由施工单位填写，验收结论由监理（建设）单位填写。综合验收结论由参加验收各方共同商定，建设单位填写，对工程质量是否符合设计和规范要求，及是否能够达到总体质量水平做出评价。

单位（子单位）工程质量验收记录填写说明如下：

第一，单位工程质量验收也称质量竣工验收，是建筑工程投入使用前的最后一次验收，也是最重要的一次验收。

第二，单位（子单位）工程质量验收由五部分内容组成，每一项内容都有自己的专门验收记录表，而单位（子单位）工程质量竣工验收记录表是一个综合性的表，是在各项验收合格后填写的。

第三，单位（子单位）工程由建设单位（含分包单位）（项目）负责组织施工，设计、监理单位（项目）负责人进行验收。单位（子单位）工程验收由参加验收单位盖公章，并由负责人签字。

第四节　建筑工程项目质量验收的内容、程序和组织

一、建筑工程项目质量验收的内容

（一）检验批的质量验收

1.检验批质量验收的规定

检验批质量验收合格应符合下列规定：①主控项目的质量经抽样检验合格。②一般项目的质量经抽样检验合格。当采用计数抽样时，合格率应符合有关专业验收规范的规定，且不得存在严重缺陷。③具有完整的施工操作依据、质量验收记录。检验批是工程验收的最小单位，是分项工程乃至整个建筑工程质量验收的基础，是施工过程中条件相同并有一定数量的材料、构配件或安装项目。由于其质量基本均匀一致，因此可以作为检验的基础单位，并按批验收。对检验批的验收，能够保证分项工程的质量，能够完成对施工过程的质量控制。

2.检验批按规定进行验收

为了使检验批的质量符合安全和功能的基本要求，以达到保证建筑工程质量的目的，各专业工程质量验收规范应对各检验批的主控项目、一般项目的子项目的合格质量给予明确的规定。

第一，主控项目的检验。主控项目是建筑工程中对安全、卫生、环境保护和公众利益起决定性作用的检验项目，是对检验批的基本质量起决定性影响的检验项目，因此必须全部符合有关专业工程验收规范的规定。这意味着主控项目不允许有不符合要求的检验结果，即这种项目的检查具有否决权。鉴于主控项目对基本质量的决定性影响，从严要求是必需的。如果主控项目达不到规定的质量指标，就会降低工程使用功能，甚至影响结构安全。

第二，一般项目的检验。一般项目包括的内容有：允许有一定偏差值的项目、允许出现一定缺陷的项目、无法定量而只能采用定性的项目等。虽然允许存在一定数量的不合格点，但某些不合格点的指标与合格的要求偏差较大或存在严重缺陷时，仍将影响使

用功能或观感质量，对这些位置应进行维修处理。

第三，资料检查。检验批施工操作依据应满足设计和验收规范的要求，采用的企业标准不能低于国家标准和地方标准。对资料完整性的检查，实际是对过程控制的确认，这是检验批合格的前提。资料检查也体现出过程控制，也可使过程具有可追溯性，明确各方质量责任和避免质量纠纷。

（二）分项工程的质量验收

1.分项工程合格质量的规定

分项工程质量验收合格应符合下列规定：①所含检验批的质量均应验收合格。②所含检验批的质量验收记录应完整。

分项工程的验收在检验批的基础上进行。一般情况下，两者具有相同或相近的性质，只是批量的大小不同而已。因此，将有关的检验批汇集构成分项工程。分项工程合格质量的条件比较简单，只要构成分项工程的各检验批的验收资料文件完整，并且均已验收合格，那么分项工程验收合格。

2.分项工程按规定进行验收

一般情况下，分项工程没有新的验收内容，只是将检验批验收结果汇总然后进行归纳整理。在分项工程验收时应注意以下几方面：①核对检验批划分是否合理，是否有遗漏部位。②检验批中有试验项目，试验结果是否已经具备，结论是否满足要求。③检验批验收记录中的内容和签字是否完整、正确。

（三）分部工程的质量验收

1.分部工程合格质量的规定

分部工程质量验收合格应符合下列规定：①所含分项工程的质量均应验收合格。②质量控制资料应完整。③有关安全、卫生、环境保护和公众利益的抽样检验结果应符合相应规定。④观感质量应符合要求。

分部工程是由若干个分项工程构成的，因此分部工程的验收应在其所含各分项工程验收的基础上进行。首先，分部工程的各分项工程必须已验收合格且相应的质量控制资料文件必须完整，这是验收的基本条件。

此外，由于各分项工程的性质不尽相同，因此尚需增加以下两类检查项目：一是涉及安全、卫生、环境保护和公众利益的地基与基础、主体结构和设备安装等分部工程应进行有关的见证检验或抽样检验。二是关于观感质量验收，这类检查往往难以定量，只能以观察、触摸或简单量测的方式进行，并由个人的主观印象判断，检查结果并不给出"合格"或"不合格"的结论，而是综合给出质量评价。对于"差"的检查点应通过返修处理等补救。

2.分部工程按规定进行验收

第一，分部工程所含分项工程的质量均应验收合格。这项工作是统计工作，进行时应注意以下几点：①注意各分项工程划分是否正确，有无分项工程没有进行验收。②每个分项工程是否已经完工，核对每个分项工程是否已经验收。③每个分项工程的验收记录是否完整、内容是否正确、签字是否规范等。

第二，质量控制资料应完整。在分部工程质量验收时，应根据各专业质量验收规范的规定，对质量控制资料进行详细检查。此时不仅要检查验收记录，还需核查其他方面的材料，注意以下几点：①核查的资料项目是否满足各专业验收规范的规定。②核查的资料内容填写是否满足各专业验收规范的规定。③质量控制资料记录表填写是否完整、正确。④核对各项资料是否履行签字手续，签字是否规范。

第三，有关安全、卫生、环境保护和公众利益的抽样检验结果应符合相应规定，这项内容是针对安全及功能方面进行的，有关检测应符合相关专业验收规范的规定。这些分部工程比较重要，会影响到建筑物的使用，质量达不到要求可能会影响人民生命和财产损失，甚至关乎国家安全和社会稳定。有关安全及重要使用功能的分部工程应进行见证取样送样试验或抽样检测，以满足相关规范规定。

第四，观感质量验收。观感质量验收是指对已完成的工程通过观察和必要的量测，对外在质量进行判定。以前到单位工程时才进行检查，但在那时发现问题再进行修补已经晚了，因此现在在分部（子分部）工程时就进行验收。以门窗工程为例，每个窗户安装质量都没有问题，但整个门窗工程施工完成后，作为门窗子分部工程验收时，就有可能发现上下层窗户竖直不在直线上，这就需要马上处理。观感质量验收并不给出"合格"或"不合格"的结论，而是综合给出"好""一般""差"的质量评价，对于"差"的检查点应通过返修处理等补救。评价时由总监理工程师组织，听取现场参与验收人员的意见后，共同进行评价。

（四）单位工程的质量验收

1.单位工程合格质量的规定

单位工程质量验收合格应符合下列规定：①所含分部工程的质量均应验收合格。②质量控制资料应完整。③所含分部工程中有关安全、卫生、环境保护和公众利益的检验资料应完整。④主要使用功能的抽查结果应符合相关专业验收规范的规定。⑤观感质量应符合要求。

单位工程质量验收也称质量竣工验收，是建筑工程投入使用前的最后一次验收，也是最重要的一次验收。验收合格的条件有五个，除构成单位工程的各分部工程应该合格，并且有关的资料文件应完整外，还须进行以下三个方面的检查：

第一，涉及安全、卫生、环境保护和公众利益的分部工程检验资料应复查合格，这些检验资料与质量控制资料同等重要。资料复查要全面检查其完整性，不得有漏检和缺项，其次复核分部工程验收时需补充见证抽样检验报告，这体现出对安全和主要使用功能等的重视。

第二，对主要使用功能应进行抽查。这是对建筑工程和设备安装工程质量的综合检验，也是用户最为关心的内容，而且体现了本标准完善手段、过程控制的原则，能够减少工程投入使用后的质量投诉和纠纷。因此，在分项、分部工程验收合格的基础上，竣工验收时再做全面检查。抽查项目是在检查资料文件的基础上由参加验收的各方人员商定，并用计量、计数的方法抽样检验，检验结果应符合有关专业验收规范的规定。

第三，还需由参加验收的各方人员共同进行观感质量检查，最后共同确定是否验收。

2.单位工程按规定进行验收

工程项目的竣工验收是项目建设程序的最后一个环节，是全面考核项目建设成果、检查设计与施工质量、确认项目能否投入使用的重要步骤。竣工验收的顺利完成，标志着项目建设阶段的结束和生产使用阶段的开始。尽快完成竣工验收工作，对促进项目的早日投产使用，发挥投资效益，有着非常重要的意义。因此在执行中注意以下几点：

第一，单位工程所含分部工程的质量均应验收合格。需要贯彻过程控制的原则，逐步由检验批、分项工程到分部工程，最后到单位工程进行验收。这项工作由总承包单位提前完成，把所有分部工程、子分部工程的验收记录进行整理，整理过程中注意：①核查各分部工程所含子分部工程是否齐全；②各分部工程所含子分部工程是否已经经过验收；③各分部（子分部）工程的验收记录是否完整、正确；④各分部（子分部）工程的验收记录是否履行签字手续，验收人员是否具有资格。

第二，质量控制资料应完整。质量控制资料在分部工程时已经检查过，在单位工程验收时再进行一次全面和系统的检查很有必要。质量控制资料能够反映工程采用的材料、构配件和设备的质量，施工过程的质量控制，施工过程中的质量验收等情况。对质量控制资料的核查、资料完整的判定是看其能否满足工程结构安全和使用功能的需要，能否达到设计要求。

第三，所含分部工程中有关安全、卫生、环境保护和公众利益的检验资料应完整。此项检查是验收规范的重要体现，也是过程控制的要求，是建筑法规的具体落实，目的是确保工程的安全和使用功能。有关安全、节能、环境保护和主要使用功能的分部工程应进行有关见证取样送样试验或抽样检测，并填写记录。在单位工程验收时，应对检测资料进行核查，以保证工程质量满足要求。检测资料是否完整，包括检测项目、检测程序、检测方法和检测报告的结果是否都达到规范规定的要求。

第四，主要使用功能项目的抽查。主要功能项目的抽查是完善手段、过程控制的具体体现，对用户最关心的内容进行全面抽查。虽然有些项目在分部工程、子分部工程已经检查过了，但这些项目关乎安全或使用功能，是比较重要的项目，还需在单位工程验收时进行抽查。抽查项目是在检查资料文件的基础上由参加验收的各方人员商定，并由计量、计数的抽样方法确定检查部位。检查结果要符合有关专业工程施工质量验收规范的规定，使用功能的检查是对建筑工程和设备安装工程最终质量的综合检验。

第五，观感质量验收。观感质量验收在分部工程时已经检查过，在单位工程验收时再进行一次全面检查。建筑工程施工项目工期比较长，原先经过检查和验收的部位，受各种因素的影响出现质量变异；原先抽检方案受限，抽查不到的部位或检查发现不了的缺陷，在单位工程验收时需要重新检查。观感质量验收不仅仅是对工程外在质量进行检查，也是对影响工程使用功能的方面进行再次检查。在观感质量验收中若发现有影响安全和功能的缺陷，或明显影响观感效果的缺陷要及时处理，以免影响工程使用。

（五）工程施工质量验收的特殊处理

一般情况下，不合格现象在基层的最小验收单位检验批时就应发现并及时处理，所有质量隐患必须尽快消灭在萌芽状态，否则将影响后续检验批和相关的分项工程、分部工程的验收。但在非正常情况时应按下列规定进行处理：

第一，经返工或返修的检验批，应重新进行验收。这种情况是指在检验批验收时，其主控项目不能满足验收规范或一般项目超过偏差限值的子项不符合检验规定的要求时，应及时进行处理。其中严重的缺陷应重新施工；一般的缺陷通过返修、更换予以解决，应允许施工单位在采取相应的措施后重新进行验收。如检验批能够符合相应的专业工程质量验收规范，则应认为该检验批合格。

第二，经有资质的检测机构检测鉴定能够达到设计要求的检验批，应予以验收。这种情况通常指当个别检验批发现问题、难以确定能否验收时，应请具有资质的法定检测机构进行检测鉴定。当鉴定结果认为能够达到设计要求时，该检验批应可以通过验收。

第三，经有资质的检测机构检测鉴定达不到设计要求、但经原设计单位核算认可能够满足安全和使用功能的检验批，可予以验收。这种情况是指经检测鉴定达不到设计要求，但经原设计单位核算、鉴定，仍可满足相关设计规范和使用功能要求时，该检验批可予以验收。这主要是因为在一般情况下，标准、规范的规定是满足安全和功能的最低要求，而设计往往在此基础上留有一些余量。在一定范围内，会出现不满足设计要求而符合相应规范要求的情况，两者并不矛盾。

第四，经返修或加固处理的分项、分部工程，满足安全及使用功能要求时，可按技术处理方案和协商文件的要求予以验收。这种情况是指更为严重的缺陷或者超过检验批的更大范围内的缺陷，可能影响结构的安全性和使用功能。若经法定检测机构检测鉴定后认为达不到规范的相应要求，即不能满足最低限度的安全储备和使用功能时，则必须进行加固或处理，使之能满足安全使用的基本要求。这样可能会造成一些永久性的影响，如增大结构外形尺寸，影响一些次要的使用功能。但为了避免建筑物的整体或局部拆除，避免社会财富遭受更大的损失，在不影响安全和主要使用功能的条件下，可按技术处理方案和协商文件进行验收。

第五，工程质量控制资料应齐全完整。当部分资料缺失时，应委托有资质的检测机构按有关标准进行相应的实体检验或抽样试验。实际工程中偶尔会遇到因遗漏检验或资料丢失而导致部分施工验收资料不全的情况，使工程无法正常验收。对此可有针对性地进行工程质量检验，采取实体检测或抽样试验的方法确定工程质量状况。上述工作应由有资质的检测机构完成，检测机构出具的检验报告可用于施工质量的验收。

第六，经返修或加固处理仍不能满足安全或重要使用要求的分部工程及单位工程，严禁验收。分部工程、单位工程存在严重的缺陷，经返修或加固处理仍不能满足安全或重要使用功能的，将导致建筑物无法正常使用。为了保证人民群众的生命财产安全、社会的稳定，对于这类工程严禁验收，更不能擅自投入使用。

二、建筑工程项目质量验收的程序和组织

（一）检验批及分项工程的验收程序和组织

检验批应由专业监理工程师组织施工单位项目专业质量检查员、专业工长等进行验收，分项工程应由专业监理工程师组织项目专业技术负责人等进行验收。

检验批和分项工程是建筑工程施工质量的基础，因此，所有检验批和分项工程均应由专业监理工程师或建设单位项目技术负责人组织验收。验收前，施工单位先填好"检验批或分项工程的质量验收记录"（有关监理记录和结论不填），并由项目专业质量检验员和项目专业技术负责人分别在检验批和分项工程质量检验记录中的相关栏目中签字，然后由监理工程师组织，严格按规定程序进行验收。

对于政策允许的建设单位自行管理的建筑工程，由建设单位项目技术负责人组织验收。在施工过程中，监理工程师应加强对工序进行质量控制，设置质量控制点，做好旁站和巡视，未经过检查认可，不得进行下道工序的施工。检验批完成后，施工单位专业质量检查员进行自检，这是企业内部质量部门的检查，能够保证企业生产合格的产品。企业的专业质量检查员必须掌握国家质量验收规范和企业标准的规定，须经过培训并持证上岗。施工单位检查评定合格后，监理工程师再组织验收。如果有的项目不能满足验收规范的要求，应及时让施工单位进行返工或返修。

分项工程所含的检验批都验收合格后，再进行分项工程验收。施工单位应在自检合格后，填写分项工程报验表。监理工程师再组织施工单位有关人员对分项工程进行验收。

（二）分部工程的验收程序和组织

分部工程作为单位工程的组成部分，其质量影响单位工程的验收。因此，分部工程完工后，应由施工单位项目负责人组织自行检查，合格后向监理单位提出申请。工程监理实行总监理工程师负责制，因此分部工程应由总监理工程师（建设单位项目负责人）组织施工单位的项目负责人和项目技术负责人及有关人员进行验收。

地基与基础、主体结构工程要求严格，技术性强，关系到整个工程的安全。为保证质量，应该严格把关，规定勘察、设计单位的项目负责人应参加地基与基础分部工程的验收。设计单位的项目负责人应参加主体结构、节能分部工程的验收。施工单位技术、质量部门的负责人也应参加地基与基础、主体结构、节能分部工程的验收。

参加验收的人员，除了规定的人员必须参加验收，还允许其他相关人员共同参加验收。勘察、设计单位项目负责人应为负责本工程项目的专业负责人，不应由与本项目无关或不了解本项目情况的其他人员、非专业人员代替。

（三）单位工程的验收程序和组织

单位工程完工后，施工单位应组织有关人员进行自检。总监理工程师应组织各专业监理工程师对工程质量进行竣工预验收。存在施工质量问题时，应由施工单位整改。整改完毕后，由施工单位向建设单位提交工程竣工报告，申请工程竣工验收。

监理单位应根据《建设工程监理规范》（GB/T 50319—2013）的要求对工程进行竣工预验收。总监理工程师组织各专业监理工程师对竣工资料和各专业工程的质量进行检查，对于检查出来的问题，应督促施工单位及时进行整改。对于需要进行功能试验的项目（如单机试车），监理工程师应督促施工单位及时进行试验，并督促施工单位做好成品保护和现场清理。经项目监理机构验收合格后，总监理工程师签署工程竣工报验单，并向建设单位提出质量评估报告。

存在施工质量问题时，应由施工单位及时整改。符合规定后由施工单位向建设单位提交工程竣工报告和完整的质量控制资料，申请建设单位组织竣工验收。

建设单位收到工程竣工报告后，应由建设单位项目负责人组织监理、施工、设计、勘察等单位项目负责人进行单位工程验收。程序如下：

第一，条文说明。这条是强制性条文。单位工程质量验收应由建设单位项目负责人组织，由于勘察、设计、施工、监理单位都是责任主体，因此各单位项目负责人应参加验收，施工单位项目技术、质量负责人和监理单位的总监理工程师也应参加验收。修订时增加了勘察单位也参加单位工程验收。

由于《建设工程承包合同》的双方主体是建设单位和总承包单位，总承包单位应按照承包合同的权利与义务对建设单位负责。总承包单位可根据需要将工程的一部分依法分包给其他具有资质的单位，分包单位对总承包单位负责，亦应对建设单位负责。单位工程中的分包工程完工后，分包单位对承建的项目进行检验时，总承包单位应参加检验。在检验合格后，分包单位应将工程的有关资料整理完整后移交给总承包单位。建设单位组织单位工程质量验收时，分包单位负责人应参加验收。

在一个单位工程中，对于满足生产要求或具备使用条件的子单位工程，施工单位已经自行检验、监理单位已经预验收的，建设单位可组织验收。由几个施工单位负责施工的单位工程，当其中的子单位工程已按设计要求完成，并经自行检验，也可按规定的程序组织正式验收后，办理交工手续。在整个单位工程验收时，已验收的子单位工程验收资料应作为单位工程验收的附件。

第二，正式验收。建设单位收到施工单位的工程竣工报告和监理单位的质量评估报告后，应组织有关单位和相关专家成立验收组，制定验收方案，组织正式验收。

《房屋建筑和市政基础设施工程竣工验收规定》（建质〔2013〕171号，以下简称《验收规定》）要求建设工程竣工验收应当具备下列条件：①完成工程设计和合同约定的各项内容。②施工单位在工程完工后对工程质量进行了检查，确认工程质量符合有关法律法规和工程建设强制性标准，符合设计文件及合同要求，并提出工程竣工报告。工程竣工报告应经项目经理和施工单位有关负责人审核签字。③对于委托监理的工程项目，监理单位对工程进行了质量评估，具有完整的监理资料，并提出工程质量评估报告。工程质量评估报告应经总监理工程师和监理单位有关负责人审核签字。④勘察、设计单位对勘察、设计文件及施工过程中由设计单位签署的设计变更通知书进行了检查，并提出质量检查报告。质量检查报告应经该项目勘察、设计负责人和勘察、设计单位有关负责人审核签字。⑤有完整的技术档案和施工管理资料。⑥有工程使用的主要建筑材料、建筑构配件和设备的进场试验报告，以及工程质量检测和功能性试验资料。⑦建设单位已按合同约定支付工程款。⑧有施工单位签署的工程质量保修书。⑨对于住宅工程，进行分户验收并验收合格，建设单位按户出具《住宅工程质量分户验收表》。⑩建设主管部门及工程质量监督机构责令整改的问题全部整改完毕。⑪法律法规规定的其他条件。

在竣工验收时，对于某些剩余工程和缺陷工程，在不影响交付使用的前提下，经建设单位、设计单位、监理单位和施工单位协商，施工单位应在竣工验收后的限定时间内完成。

参加验收各方对工程质量验收意见不一致时，应当尽可能协商，也可请当地建设行政主管部门或工程质量监督机构协调处理。

第三，工程竣工验收备案。为了加强政府监督管理，防止不合格的工程流向社会；同时为了提高建设单位的责任心，督促建设单位搞好工程建设，确保工程质量和使用安全，建设单位应当自工程竣工验收合格之日起15日内，依照《房屋建筑和市政基础设施工程竣工验收备案管理办法》的规定，向工程所在地的县级以上地方人民政府建设主管部门备案。

建设单位办理工程竣工验收备案应当提交下列文件：①工程竣工验收备案表。②工程竣工验收报告。竣工验收报告应当包括工程报建日期、施工许可证号、施工图设计文件审查意见，勘察、设计、施工、工程监理等单位分别签署的质量合格文件及验收人员签署的竣工验收原始文件，市政基础设施的有关质量检测和功能性试验资料以及备案机关认为需要提供的有关资料。③法律、行政法规规定应当由规划、环保等部门出具的认可文件或者准许使用文件。④法律规定应当由公安消防部门出具的对大型的人员密集场所和其他特殊建设工程验收合格的证明文件。⑤施工单位签署的工程质量保修书，住宅工程还应当提交《住宅质量保证书》和《住宅使用说明书》。⑥法规、规章规定必须提供的其他文件。

备案机关发现建设单位在竣工验收过程中有违反国家有关建设工程质量管理规定行为的，应当在收讫竣工验收备案文件15日内，责令停止使用，重新组织竣工验收。

第四章 建筑工程项目质量检测概述

第一节 建筑工程项目质量检测的基本概念及相关制度

一、建筑工程项目质量检测的基本概念、重要性及基本策略

经过多年的工程实践和总结，我国建筑工程施工企业在建筑工程质量检测方面积累了丰富的经验，但是在实际的建筑工程质量检测过程中，存在的很多问题严重影响着建筑工程质量及施工速度。建筑工程施工企业应该深入研究建筑工程质量检测现状，创新建筑工程质量检测策略及途径，为我国在建筑工程质量检测方面的进一步发展提供借鉴与参考。

（一）建筑工程质量检测的概念

建筑工程质量检测是指建设单位、监理单位、施工单位、建筑建材企业、检测机构等与工程检测活动相关的单位，依据国家有关法律法规、标准、规范等要求，确定建筑材料、构配件以及分部、分项工程等的质量或其他有关特性的活动，包括检测委托、检测取样、检测操作和出具检测报告等过程。建筑工程检测是建筑活动的组成部分，是工程质量验收工作的重要内容。

建筑工程质量检测取样是指按照有关技术标准、规范，从检验（测）对象中抽取试验样品的过程；送检是指取样后将试样从现场移交给有资质的检测机构检验的过程。取样和送检是工程质量检测的首要环节，其真实性和代表性直接影响检测数据的公正性。见证取样送检是指在建设单位或工程监理单位人员的见证下，由施工企业的现场取样人

员对工程中涉及结构安全和重要使用功能的试块、试件和有关材料在现场取样，并送至具有见证取样检测资质的检测机构进行检测。

（二）建筑工程质量检测的重要性

工程质量检测贯穿于工程建设的全过程之中，包括工程施工前期质量检测、施工过程质量检测、对工程质量检测人员的专业性训练。

1.工程施工前期质量检测的重要性

由于建筑工程施工所用的原材料的质量是影响工程整体质量的关键因素之一，因而，对原材料进行检测，以确保原材料质量合格并符合工程设计要求，这对确保工程质量具有重要意义。工程施工前，原材料应由检测部门检测合格后方可进入施工现场，不合格的原材料严禁投入使用。

2.工程施工过程质量检测的重要性

工程施工过程的质量检测是确保工程施工质量的关键性环节，这一过程的质量检测重点是对关键工序和特殊工序的质量进行检验，如果发现某道工序存在质量不合格的现象，坚决不能进行下道工序的施工，这样才能确保每道工序合格，确保工程的整体质量。

3.对工程质量检测人员的专业性训练

很多质检人员在进入工作岗位后不再愿意进步，不再有学习的意愿，因此在质量检测工作当中一直都只能维持以前的技术水平。对于这一点，管理人员应该给予及时的指导，对新进来的质检人员进行全面的培训，总体提高质检人员的素质。

（三）建筑工程质量检测的基本策略

1.强化企业领导能力，高度重视质量检测

建筑工程的领导是整个工程的领头人，他们的整体素质和水平决定着整个工程能否最终圆满完成。对企业领导的监管似乎是一个比较难的问题，因为他们是整个企业的最高决策者，他们的领导方案对于整个企业甚至整个建筑行业的发展方向都是非常关键的，他们的命令关系到上、下级的利益，领导之间的互相监督变得非常重要。加强各级领导的领导能力和领导水平是一个关系全局的重要内容。企业领导对质量检测工程的重视，会对工作人员起到很大的激励作用，促进企业的良性运转。

2.企业内部质量检测的监督管理

工程质量检测是建筑工程最终是否顺利交工的关键性环节，关系到上上下下各个部门的利益，因此必须高度重视。采取一系列保障工程顺利进行的具体措施：首先，建筑工程施工企业应该建立健全质量保证体系，加强对建筑工程施工设备、人员、方法、环境以及材料的管理，加强对建筑工程施工质量的全方位控制；其次，加强建筑工程检测人员综合素质及技术水平的培训，因为检测人员是建筑工程做好工程检测工作的关键，毕竟检测人员才是建筑工程检测的最终实施者，强化检测人员的综合素质并提高其技术水平，是做好建筑工程检测的重要步骤；另外，建立建筑工程施工质量检测责任制，加强建筑工程检测人员的责任意识，将建筑工程检测工作进行区分，分工负责，责任到人，努力实现建筑工程检测的规范化管理也是非常必要的。

3.加强施工企业各部门质量检测协调与沟通

建筑工程项目质量检测管理并不是孤立的，它需要各个部门以及所有人员的共同努力才可以完成。为此，建筑工程项目企业首先要充分认识到协调工作在建筑工程项目质量检测管理中的重要作用，对出现的质量检测管理问题做到协调解决，保证质量检测管理顺利开展。其次，创新建筑工程项目质量检测管理新模式，认真做好质量检测管理每个环节的工作，从体系结构、人事制度及技术上建立科学的管理体系，进一步提高质量检测管理水平。最后，发挥监理单位的技术监理。监理单位是做好建筑工程项目质量检测管理的重要环节，监理单位应认识到自身在质量检测管理中的重要地位，明确自身的监理权利，充分地履行自身的质量检测监理职能。

二、建筑工程质量检测的相关制度

建筑工程质量检测的相关制度主要包括见证取样和送检制度。见证取样和送检制度是指在监理单位见证员的见证下，对进入施工现场的有关建筑材料，由施工单位专职材料试验人员在现场取样或制作试件后，送至符合资质、资格管理要求的机构进行试验的一个程序。凡是在各地（市）管辖范围内从事房屋建设工程和市政基础设施工程的新建、扩建、改建等相关建筑活动，均应按照质量检测的规定进行质量检测。

见证取样及送检的范围如下：①用于承重结构的混凝土试块；②用于承重墙体的砌筑砂浆试块；③用于承重结构的钢筋及连接接头试件；④用于承重墙的砖和混凝土小型

砌块；⑤用于拌制混凝土和砌筑砂浆的水泥；⑥用于承重结构的混凝土中使用的掺加剂；⑦地下、屋面、厕浴间使用的防水材料；⑧国家规定必须实行见证取样和送检的其他试块、试件和材料。

（一）见证取样和送检的程序

第一，建设单位在办理工程质量监督手续时，应当向负责该工程的质量监督和检测机构同时递交"见证单位和见证人员授权书"及有效的证明材料，以便质量监督和检测机构在工程质量监督检测的过程中进行检查和核对。

第二，工程开工时，建设单位或监理单位应委派或指定有见证上岗资格的人员担任该工程的见证人员，签发《见证取样和送检见证人备案表》，并报该工程的质量监督机构及进行见证检验的检测机构检查、核对并备案。

第三，在施工过程中，见证人员应按照见证取样和送检计划，对施工现场的取样和送检进行见证，取样人员应在试件或其包装上做出标识、封志。标识和封志应标明工程名称、取样部位、取样日期、样品名称、样品数量、产地场地及编号等，并由见证人员和取样人员签字。见证人员和取样人员要对试件的代表性和真实性负责。见证人员应做好见证取样记录，并将见证记录归入施工技术档案。

第四，见证人员应对试件进行监护，并和施工企业取样人员一起将试件送至见证检测机构或采取有效的封样措施送样。

第五，工程质量检测机构在接受委托检验任务时，需由送检单位填写委托单，见证人员应在检验委托单上签名；检测机构应检查委托单及试件上的标识和封志，确认无误后方可进行检测。

第六，工程质量检测机构对见证手续不齐全或未按标准、抽样不规范的见证取样试件，应拒绝接受检测。检测机构应严格按照有关规定和技术标准进行检测，出具公正、科学、准确的检验报告。检测机构应在检验报告中注明见证单位和见证人员姓名。见证取样和送检的检验报告必须加盖见证取样检测专用章。

第七，当见证取样检测结果表明该组试件不合格，按相应标准规范允许可加倍复试的，加倍复试取样送检程序仍按本细则实施；对加倍复试仍不合格的试件，检测机构应及时通知负责该工程的建设（监理）单位项目负责人和质量监督机构，不得隐瞒不报。检测机构应建立不合格试件台账记录。

第八，各见证取样检测机构对无封样措施又无见证人员监送的试件一律拒收；未注明见证单位和见证人员的检验报告无效，不得作为质量保证资料和竣工验收备案资料。

第九，见证检测试验应在具有见证检测资质的机构中选择。

第十，检测机构应在检测报告中注明见证单位和见证人员的姓名、证书编号。涉及结构安全的检测项目结果为不合格时，检测机构应在一个工作日内上报工程质量监督机构，同时立即通知委托单位和见证单位。

（二）见证人员和取样人员的基本要求和职责

1.基本要求

第一，见证人员应当由建设单位或工程监理单位具备建筑施工检测知识的人员担任，每项工程见证人员不得少于两人。

第二，取样人员是施工单位中具备相应的建筑施工检测知识和掌握一定的技术操作要求的专业人员。

上述人员应经市质监站组织培训考核合格后统一颁发证书，持证上岗。

2.见证人员主要职责

第一，按见证取样和送检计划对检测取样的全过程进行旁站监控，并做好见证记录。

第二，对试样的封样和送检过程进行监督。

第三，对工程现场检测进行旁站见证，并做好工程现场检测的见证记录（包括现场检测的影像资料等）。

第四，做好取样检测后的把关工作，确保合格的检测材料用于工程实体。

3.取样人员主要职责

第一，负责建筑材料的现场取样工作。

第二，负责混凝土、砂浆、保温砂浆等现场成型试件的制作、养护和保管工作。

第三，除了负责见证取样和送检工作外，对工程中其他所有试样的制作和送检工作一并负责；禁止施工单位其他人员代替其取样和送检。

（三）见证取样和送检的管理

第一，各地（市）建筑工程质量监督站对所管辖范围的建筑工程见证取样送检工作实施统一监督管理，各地（市）质量监督（分）站对本行政区域内的建筑工程的见证取样和送检工作实施监督管理。

第二，工程质量检测机构对无见证人员、取样人员签名的检测委托单，以及无有效封样且无见证人员伴送的试件一律不予办理检测委托手续；未注明见证单位和见证人员的试验报告无效，不得作为工程质量保证资料和竣工验收资料，由工程质量监督机构委托法定检测机构重新检测和处理。

（四）建筑工程质量检测见证要求

第一，建筑工程质量检测见证机构必须通过省（或省以上）技术监督局计量认证，并且有省（或省以上）质量监督部门颁发的见证取样项目试验检测资质证书的机构。

第二，见证人必须持有见证人员资格证书，见证人对见证样品的代表性、真实性负责。

第三，试样或其包装上应做出见证取样标识和封签。见证取样标识应标明样品名称、样品数量、工程名称、取样部位、取样日期，并有取样人和见证人签字。

第四，承担见证试验的机构，在检查、确认试样上的见证标识、封签无误后方可进行试验，否则应拒绝试验。

第五，见证试验报告单必须由见证人签名盖章，而且加盖"见证试验"专用章。

随着我国相关政策的不断健全以及国家经济的不断发展，我国建筑工程项目无论是建设规模还是建设速度，都取得了跨越式发展。质量检测作为建筑工程项目建设的关键，对于建筑工程项目建设的健康发展有着重要的作用。在新的时代背景下，加强对建筑工程质量检测的重要性与现状分析有着重要的现实意义。

第二节 建筑工程项目质量检测单位分类

建设工程质量检测是指建设工程质量检测机构（以下简称检测机构）接受委托，依照国家有关法律法规和工程技术标准，对涉及建筑物、构筑物的结构安全和功能项目进行检测，以及对进入施工现场的建筑材料、构配件进行见证取样检测，出具检测报告，并承担相应法律责任的活动。

建设工程质量检测业务的内容分为见证取样检测和专项检测两大类。

从事建设工程质量检测的单位，应当在注册资金、组织机构、技术力量、办公及试验场所、检测项目以及仪器、设备配置等方面满足检测活动的需要，依法取得相应的资质证书，并在资质许可的范围内从事建设工程质量检测活动。检测机构可取得一项或多项检测资质。

一、建筑工程项目材料见证取样检测机构

以浙江省为例，建设工程材料见证取样检测机构分为建筑工程材料见证取样检测和市政（道路）工程材料见证取样检测两大类。

1.建筑工程材料见证取样检测资质必须满足的要求

（1）组织机构方面

①有健全的组织机构和检测管理制度、责任制度，完善的技术管理与质量保证体系。

②注册资本金不少于80万元。

③具有500 m²以上的固定办公、试验场所，其中试验室面积不少于300 m²，试验场地、试验环境满足检测工作需要。

（2）技术力量方面

①机构负责人具有初级技术职称、2年以上检测工作经历；技术负责人、专业审核人具有相关专业中级以上职称、3年以上检测工作经历。

②具有相关专业中级职称以上的技术人员不少于3人。

④具有省建设行政主管部门颁发的相关专业检测岗位证书的专职检测人员不少于10人，山区、海岛地区的检测机构不少于6人。

⑤具有与申请的检测业务相应的仪器设备，检测试验仪器设备的品种、数量、性能、技术指标、精度必须符合国家有关规范、标准的要求；有完善的仪器设备维护管理制度；属于强制性检定的计量器具，需经法定计量部门计量检定合格。

（3）检测项目、仪器设备方面

必须具备的检测项目、仪器设备的最低配置见表4-1。

表 4-1 必须具备的检测项目、仪器设备的最低配置

检测参数		主要仪器设备名称/型号/规格
水泥物理、力学性能	细度	水泥细度负压筛析仪（或水筛）、天平（分度值≤0.01 g）
	凝结时间	水泥稠度凝结测定仪、量水器（最小刻度0.1 mL）、恒温恒湿养护箱、雷氏夹测定仪、沸煮箱、净浆搅拌机、天平（分度值≤0.1 g）
	安定性	
	强度	压力试验机（300 kN）、抗折试验机（5 kN）、胶砂搅拌机、振动台、标养室（或水养箱）、抗压夹具
钢筋（含焊接与机械连接）性能	屈服强度	万能试验机（1000 kN和100 kN或600 kN和100 kN）、钢筋标点仪伸长率测量工具
	抗拉强度	
	伸长率	
	弯曲	钢筋弯曲机或万能试验机（1000 kN或600 kN）
细集料品质指标	颗粒级配	天平、砂子套筛、摇筛机
	含泥量	天平、恒温烘箱
	泥块含量	
	表观密度	天平、恒温烘箱、容量瓶
	堆积密度	
	海砂氯离子含量*	天平、恒温烘箱、滴定管等
	贝壳含量*	
细集料品质指标	颗粒级配	天平、石子套筛、摇筛机
	含泥量	天平、恒温烘箱
	泥块含量	
	表观密度	台秤和磅秤、恒温烘箱、广口瓶
	堆积密度	台秤和磅秤、容量筒
	压碎指标	压力试验机、压碎值测定仪、天平、台秤
	针片状含量	天平、针片状规准仪
	含水率	天平、恒温烘箱

续表

检测参数		主要仪器设备名称/型号/规格
混凝土配合比设计与拌和物性能	配合比设计	搅拌机、振动台、台秤或磅秤、压力试验机（2000 kN 或3000 kN）、标养室
	坍落度	坍落度筒、钢直尺
	表观密度	容积筒、台秤
	凝结时间	混凝土贯入阻力仪、试样筒
混凝土力学性能	立方体抗压强度	压力试验机（2000 kN或3000 kN）
	抗折强度、劈裂抗拉强度	压力试验机或万能试验机（100 kN）、抗折夹具、钢直尺
混凝土抗渗性能	抗渗性	混凝土渗透仪
建筑砂浆配合比设计与性能	配合比设计	砂浆搅拌机、案秤、压力试验机（600 kN或300 kN）、标养室
	稠度	砂浆稠度测定仪
	密度	容积筒、台秤或磅秤
	分层度	分层度筒
	强度	压力试验机（600 kN或300 kN）
砌墙砖及砌块强度	抗压强度	压力试验机、钢直尺
	抗折强度	万能试验机或压力试验机（100 kN或600 kN）、钢直尺

注：*指该参数项目根据当地需要设定。

（4）业务范围方面

除必备的检测项目外，还可根据自身的技术力量和技术装备申请以下检测项目或其他建筑材料类和市政材料类检测项目：

①沥青及改性沥青性能检测（沥青及改性沥青针入度、延度、软化点、溶解度、密度与相对密度）；

②沥青混合料性能检测（沥青混合料马歇尔稳定度、试件密度、单轴压缩、弯曲试验、沥青路面芯样马歇尔试验）；

③岩石试验项目（岩石含水率、吸水率、饱水率、密度、单轴抗压强度）；

④预应力钢绞线、锚夹具性能检测（钢绞线1%伸长力、整根钢绞线最大力、伸长率、弹性模量、锚夹具硬度、静载锚固性能）；

⑤防水卷材试验；

⑥脚手架钢管和扣件安全性能、力学性能检测；

⑦建筑门窗三性检测；

⑧混凝土结构强度现场检测（回弹法、钻芯法）；

⑨现场砌体砂浆强度检测（贯入法、回弹法等）；

⑩现场砌体强度检测（原位压力机测试等）；

⑪钢筋保护层厚度检测（无损法、破损法）；

⑫预制小构件静荷载试验（挠度、抗裂、承载力、裂缝宽度）；

⑬简易土工试验。

2.市政（道路）工程材料见证取样检测资质必须满足的要求

（1）组织机构方面

①有健全的组织机构和检测管理制度、责任制度，完善的技术管理与质量保证体系。

②注册资本金在80万元以上。

③具有500 m²以上的固定办公、试验场所，其中试验室面积不少于300 m²，试验场地、试验环境满足检测工作需要。

（2）技术力量方面

①机构负责人具有初级技术职称、2年以上检测工作经历；技术负责人、质量负责人、专业审核人具有建筑材料或相关专业中级职称、3年以上检测工作经历。

②具有相关专业中级职称以上的技术人员不少于3人。

③具有省建设行政主管部门颁发的相关专业检测岗位证书的专职检测人员不少于10人，山区、海岛地区的检测机构可不少于6人。

④具有与申请的检测项目相应的仪器设备，检测试验仪器设备的品种、数量、性能、技术指标、精度必须符合国家有关规范、标准的要求；有完善的仪器设备维护管理制度；属于强制性检定的计量器具，需经法定计量部门计量检定合格。

（3）检测项目、仪器设备方面

必须具备的检测项目、仪器设备的最低配置见表4-2。

表4-2 必须具备的检测项目、仪器设备的最低配置

检测参数		主要仪器设备名称/型号/规格
水泥物理、力学性能	细度	水泥细度负压筛析仪（或水筛）、天平（分度值≤0.01 g）
	凝结时间	水泥稠度凝结测定仪、量水器（最小刻度0.1 mL）、恒温恒湿养护箱、雷氏夹测定仪、沸煮箱、净浆搅拌机、天平（分度值≤0.1 g）
	安定性	
	强度	压力试验机（300 kN）、抗折试验机（5 kN）、胶砂搅拌机、振动台、标养室（或水养箱）、抗压夹具
细集料品质指标	颗粒级配	天平、砂子套筛、摇筛机
	含水率	电子天平、恒温烘箱
	含泥量	
	泥块含量	
	表观密度	天平、恒温烘箱、容量瓶
	雄积密度	
	海砂氯离子含量*	天平、恒温烘箱、滴定管等
	贝壳含量*	
粗集料品质指标	颗粒级配	天平、石子套筛、摇筛机
	含泥量	天平、恒温烘箱
	泥块含量	
	表观密度	液体比重天平法：台秤、吊篮 广口瓶法：天平、恒温烘箱、广口瓶
	堆积密度	台秤和磅种、容积简
	压碎指标	压力试验机、压碎值测定仪、天平、台秤
	针片状含量	天平、针片状规准仪
	含水率	天平、恒温烘箱
	吸水率	

续表

检测参数		主要仪器设备名称/型号/规格
钢筋（含焊接与机械连接）性能	屈服强度	万能试验机（1000 kN和100 kN，或600 kN和100 kN）、钢筋标点仪、伸长率测量工具
	抗拉强度	
	伸长率	
	弯曲	钢筋弯曲机或万能试验机（1000 kN或600 kN）
混凝土配合比设计与拌和物性能	配合比设计	搅拌机、振动台、台秤或磅秤、压力试验机（2000 kN或3000 kN）、标养室
	坍落度	坍落度筒、钢直尺
	表观密度	容积筒、台秤
	凝结时间	混凝土贯入阻力仪、试样筒
混凝土力学性能	立方体抗压强度	压力试验机（2000 kN或3000 kN）
	抗折强度	压力试验机或万能试验机（100 kN）、抗折夹具、钢直尺
建筑砂浆配合比设计与性能	配合比设计	砂浆搅拌机、案秤、压力试验机（600 kN或300 kN）、标养室
	稠度	砂浆稠度测定仪
	密度	容积筒、台秤或磅秤
	分层度	分层度筒
	强度	压力试验机（600 kN或300 kN）
沥青及改性沥青性能	针入度	沥青针入度计、恒温水槽
	延度	沥青延伸仪
	软化点	沥青软化点测定仪、恒温水槽
	溶解度	恒温水溶槽、分析天平（100 g、0.0002 g）
	密度与相对密度	比重瓶、恒温水槽、恒温烘箱、分析天平（100 g、0.0001 g）
沥青混合料性能	马歇尔稳定度	马歇尔稳定度试验仪、恒温水槽、恒温烘箱、游标卡尺
	试件密度	静水力学天平，恒温烘箱
	单轴压缩、弯曲	万能试验机（带变形测定装置、数据采集系统）、恒温水槽

续表

检测参数		主要仪器设备名称/型号/规格
沥青混合料性能	沥青路面芯样马歇尔试验	30 kN马歇尔稳定度试验仪、恒温水槽、恒温烘箱、游标卡尺
预应力钢绞线、锚夹具性能	预应力钢绞线拉伸试验	万能试验机（600 kN）或钢绞线专用试验机、引伸计
	锚夹具硬度	洛氏硬度计
	静载锚固性能	锚固性能试验装置
土工	含水率	天平、恒温烘箱
	密度	天平、灌砂筒、环刀、恒温烘箱
	比重	比重瓶、恒温水槽、砂浴、天平
	颗粒分析（筛分）	粗筛（一套）、细筛（一套）、天平、摇筛机、恒温烘箱
	击实试验	重（轻）型击实仪、天平、标准筛
	液塑限	液塑限联合测定仪、天平
砌墙砖、砌块与混凝土路面砖性能	抗压强度	压力试验机（2000 kN）、压块
	抗折强度	万能试验机（300 kN）
路基、路面性能	平整度	直尺（3 m）
	承载板测定土基回弹模量	承载板、液压千斤顶
	贝克曼梁测定路基、路面回弹弯沉试验	弯沉仪
	超声回弹法检测水泥混凝土抗压强度	非金属超声波检测仪
	土路基现场CBR测试	承载板

检测参数		主要仪器设备名称/型号/规格
无机结合料稳定材料性能	击实试验	击实仪、脱模器
	无侧限抗压强度试验	压力试验机（300 kN）

注：打*者指该参数项目根据当地需要设定。

（4）业务范围方面

业务范围除必备的检测项目外，还可根据自身的技术力量和技术装备申请以下项目和市政（道路）工程材料检测的其他检测项目：

①岩石试验项目（岩石含水率、吸水率、饱水率、密度、单轴抗压强度）；

②脚手架钢管和扣件安全性能、力学性能检测。

二、建筑工程项目专项类检测机构

建设工程专项类检测机构分为建设工程结构检测机构、建设工程钢结构检测机构、建设工程地基基础检测机构、建筑工程室内环境检测机构、建筑幕墙（门窗）检测机构、建筑智能化系统工程质量检测机构、建筑节能检测机构、市政桥梁检测机构、建设工程结构可靠性鉴定检测机构等九大类。

1.建设工程结构检测机构必须满足的要求

（1）组织机构方面

①有健全的组织机构和检验检测管理制度、责任制度，完善的技术管理与质量保证体系，并具有一定的工作业绩。

②注册资本金应在100万元以上。

③具有300 m²以上的固定办公、试验场所，且能满足检测工作需要。

（2）技术力量和技术装备方面

①机构负责人具有中级以上技术职称、3年以上试验室工作经历；技术负责人和专业审核人具有结构、力学或相关专业高级职称、5年以上本专业检测试验工作经历。

②从事检测的专业技术人员必须具有力学、工业与民用建筑、结构等专业技术人员。

③具有中高级职称、从事结构检测工作经历 3 年以上的技术人员各不少于 3 人，其中拥有二级以上注册结构工程师不少于 1 人。

④具有持有省建设行政主管部门颁发的相关专业检测岗位证书的专职检测人员不少于 10 人。

⑤具有与申请的检测项目相应的仪器设备，检测试验仪器设备的品种、数量、性能、技术指标、精度必须符合国家有关规范、标准的要求；有完善的仪器设备维护管理制度；属于强制性检定的计量器具，需经法定计量部门计量检定合格。

（3）检测项目、仪器设备方面

必须具备的检测项目、仪器设备的最低配置见表 4-3。

表 4-3 必须具备的检测项目、仪器设备的最低配置

检测参数		主要仪器设备名称/型号/规格
混凝土现场测试	超声-回弹综合法检测混凝土抗压强度	非金属超声波检测仪
	超声波法检测混凝土缺陷	
	回弹法检测混凝土抗压强度	混凝土回弹仪、碳化深度测量工具
	钻芯法检测混凝土抗压强度	混凝土钻孔机、游标卡尺、角度尺、压力试验机
钢筋的配置	钢筋位置、钢筋直径、混凝土保护层厚度	钢筋扫描仪、钢直尺、卷尺、游标卡尺
构件性能载荷试验	挠度、抗裂、承载力、裂缝宽度	加荷装置、百分表等测量装置、裂缝放大镜等观察仪器
	结构性能动力检测	位移计、动态应变测试系统、模态分析软件、拾振器
砌体强度	原位轴压法	原位压力机
砂浆强度	贯入法、回弹法等	贯入仪、回弹仪
混凝土后锚固	抗拔承载力	拉拔仪

检测参数		主要仪器设备名称/型号/规格
结构变形检测		全站仪、经纬仪、钢尺
混凝土外观质量与缺陷检测		非金属超声仪
砌体结构变形与缺陷检测	裂缝、风化、剥落、垂直度	应力应变测试仪、位移测量设备
结构动力测试		振动测试设备

（4）业务范围方面

业务范围除必备的检测项目外，还可根据自身的技术力量和技术装备申请以下项目和建筑结构的其他检测项目：

①氯离子含量检测；

②钢筋锈蚀电化检测；

③木材缺陷检测、木材的连接与变形检测、木结构损伤检测。

2.建设工程地基基础检测机构必须满足的要求

（1）组织机构方面

①有健全的组织机构和检测管理制度、责任制度，完善的技术管理与质量保证体系，并具有一定的工作业绩。

②注册资本金应在 100 万元以上。

③具有300 m² 以上的固定办公、试验场所，且能满足检测工作需要。

（2）技术力量和技术装备方面

①机构负责人具有中级以上技术职称、3 年以上检测工作经历；技术负责人和专业审核人具有岩土工程或结构工程专业或相关专业高级职称、5 年以上本专业检测试验工作经历。

②必须具有力学、工业与民用建筑、岩土等专业技术人员。

③具有相关专业中高级职称、从事地基基础检测工作经历 3 年以上的技术人员各不少于 2 人，其中拥有注册岩土工程师不少于 1 人。

④具有持有省建设行政主管部门颁发的相关专业检测岗位证书的专职检测人员不少于 10 人。

⑤具有与申请的检测项目相应的仪器设备，检测试验仪器设备的品种、数量、性能、技术指标、精度必须符合国家有关规范、标准的要求；有完善的仪器设备维护管理制度；属于强制性检定的计量器具，需经法定计量部门计量检定合格。

⑥配备必要的分析处理软件。

（3）检测项目、仪器设备方面

必备的检测项目、仪器设备见表4-4。

表 4-4 必备的检测项目、仪器设备

检测参数		主要仪器设备名称/型号/规格
地基基础	基桩低应变动力测试	低应变测试仪
	静载荷试验	百分表（或计电百分表）、油压表（荷重传感器、压力传感器）、反力平台、反力钢梁、千斤顶
	基桩埋管超声波测试	非金属超声波检测仪
	基坑、边坡变形监测	侧斜仪、经纬仪、水准仪、全站仪
	建筑物、构筑物的沉降、位移监测	经纬仪、水准仪、全站仪
	锚杆锁定力检测	锚杆拉拔仪

（4）业务范围方面

业务范围除必备的检测项目外，还可根据自身的技术力量和技术装备申请以下项目和地基基础的其他检测项目：

①基桩高应变动力测试；

②基桩取芯检测；

③基础构件应力应变测试；

④动力及标准贯入试验（地基处理、复合地基效果检测）；

⑤波速试验；

⑥简易土工试验（土工含水率、密度、比重、颗粒分析、筛分、击实试验、液塑限）；

⑦剪切和固结、无侧限抗压、渗透系数、酸碱度分析；

⑧基坑、边坡变形监测；

⑨建筑物、构筑物的沉降、位移监测；

⑩锚杆锁定力检测。

3.建筑节能检测机构必须满足的要求

（1）组织机构方面

①有健全的组织机构和检测管理制度、责任制度，完善的技术管理与质量保证体系，并具有一定的工作业绩。

②注册资本金应在 100 万元以上。

③具有300 m² 以上的固定办公、试验场所，且试验场地、试验环境满足检测工作要求。

（2）技术力量和技术装备方面

①机构负责人具有中级以上技术职称、3 年以上检测工作经历；技术负责人和专业审核人具有暖通、建材专业或相关专业高级职称、5 年以上从事建筑节能相关工作经历。

②具有相关专业中级、高级职称并从事建筑节能工作经历 3 年以上的技术人员各不少于 2 人。

③必须具有建筑材料、暖通等相关专业技术人员。

④具有持有省建设行政主管部门颁发的相关专业检测岗位证书的专职检测人员不少于 10 人。

⑤具有与申请的检测项目相应的仪器设备，检测试验仪器设备的品种、数量、性能、技术指标、精度必须符合国家有关规范、标准的要求；有完善的仪器设备维护管理制度；属于强制性检定的计量器具，需经法定计量部门计量检定合格。

（3）检测项目、仪器设备方面

必备的检测项目、仪器设备见表 4-4。

表 4-4 必备的检测项目、仪器设备

检测参数		主要仪器设备名称/型号/规格
保温系统 主要组成材料性能	导热系数	稳态热传递性质测定仪
	密度	天平、干燥箱、恒温水浴栖
	含水率	天平，干燥箱
	强度	压力机（20 kN以上）、拉力机（2 kN以上）
墙体保温系统性能	抗风荷载性能	外墙外保温系统抗风压性能检测仪
	抗冲击性能	外墙外保温系统抗冲击性能检测设备
	黏结强度	黏结强度测定仪
	传热系数	热流、温度巡回检测仪
建筑外门、窗	气密性检测	门窗检测仪
	传热系数检测	门窗保温性能测定仪

（4）业务范围方面

业务范围除必备的检测项目外，还可根据自身的技术力量和技术装备申请以下项目：

①锅炉热效率；

②制冷机性能；

③太阳能热水器性能；

④绝热层性能；

⑤保温系统主要组成材料性能检测（水蒸气透过系数，软化系数，燃烧性能，玻纤网耐碱拉伸断裂强度，压缩、剪切、黏结强度）；

⑥保温系统性能检测（耐候性、耐冻融性、不透水性、保护层水蒸气渗透性）。

4.建设工程结构可靠性鉴定检测机构必须满足的要求

（1）组织机构方面

①有健全的组织机构和检测管理制度、责任制度，完善的技术管理与质量保证体系，并具有一定的工作业绩。

②注册资本金在 500 万元以上。

③具有不少于1 000 m²的固定办公、试验场所，其中试验室面积不少于500 m²，且试验场地、试验环境满足检测工作需要。

（2）技术力量方面

①机构负责人具有中级以上技术职称、3年以上检测工作经历；技术负责人和专业审核人应为结构、岩土专业或相关专业高级技术职称，或具有一级注册结构工程师、注册岩土工程师资格、5年以上工程可靠性鉴定或检测工作经历。

②拥有一级注册结构师不少于2人、岩土注册工程师不少于1人。

③必须具有力学、结构工程（包括混凝土结构、钢结构）、岩土工程等专业技术人员。

④具有工程技术职称的人员不少于20人，其中中级职称以上人员不少于15人，高级职称人员不少于10人，且能满足检测工作需要。

⑤具有持有省建设行政主管部门颁发的相关专业检测岗位证书的专职检测人员不少于30人，其中各专项检测人员不少于3人。

⑥各检测项目的项目负责人（审核人）应具相应专业高级技术职称，从事本专业检测工作3年以上。

⑦具有建筑工程材料检测、建设工程结构检测、建筑工程钢结构检测、建设工程地基基础检测等资质必备的仪器设备，检测试验仪器设备的品种、数量、性能、技术指标、精度必须符合国家有关规范、标准的要求；有完善的仪器设备维护管理制度；属于强制性检定的计量器具，需经法定计量部门计量检定合格。

⑧配备两种以上结构分析软件。

⑨如果申请其他类别或专项检测资质，还应满足相应的资质要求。

（3）检测能力方面

建设工程结构可靠性鉴定检测机构必须具备建筑工程材料检测、建设工程结构检测、建筑工程钢结构检测、建设工程地基基础检测能力和相应的仪器、设备。

（4）业务范围方面

业务范围为建筑工程材料检测、建设工程结构检测、建筑工程钢结构检测、建设工程地基基础检测相应的检测范围及建筑结构的可靠性鉴定。

第三节 建筑工程项目质量检测单位管理

一、建筑工程项目检测机构管理

各级建设行政主管部门可以委托工程质量监督机构依照有关法律、法规，对检测机构及其检测活动实施监督检查。检测机构应当接受监督、配合检查。各级建设行政主管部门应定期或不定期对本行政区域内检测机构及其检测工作进行监督检查，对每次抽查的内容、发现的问题及处理情况做记录，并由参加检查的监督人员和被检查单位的有关负责人签字后归档。被检查单位的有关负责人拒绝签字的，监督人员应当将情况记录在案。监督检查要形成检查报告，报告应包括检查组人员名单、检查内容、发现的问题等，并由检查组负责人和成员签字。

涉及工程质量检测纠纷的，双方当事人可以委托具有相应资质的第三方检测机构进行检测，也可以向县级以上建设行政主管部门申请调解，或依法申请仲裁，或向人民法院提起诉讼。

从事建设工程质量仲裁裁决或司法鉴定活动的检测机构认定和管理办法，由省建设行政主管部门及省有关部门另行制定。

二、建筑工程项目检测技术人员管理

检测机构的检测技术人员经过岗前培训和考核，取得岗位证书，方可从事检测工作。检测技术人员不得同时受聘于两个及以上检测机构。检测技术人员单位变动的，应办理变更手续，在原检测机构从业不满一年的，不得办理变更手续。检测技术人员的考核和岗位证书由省级建设行政主管部门统一组织和颁发。

三、建筑工程项目检测机构行为规范

（1）检测机构应严格按国家和本省有关法律、法规及工程技术标准、规范开展检测工作。

（2）检测机构应当建立健全质量保证体系，确保检测质量。

（3）检测机构的检测仪器、设备的性能和精确度及使用除需符合国家标准、规范外，还应符合下列规定：

①检测设备、仪器、仪表应采用定设备、定岗位、定人员的办法进行管理，建立仪器设备档案，制订维护计划，定期进行维护管理，保持良好运行状态；

②检测设备、仪器、仪表操作人员应经专门培训，熟悉操作规程和操作要求，能正确操作和维护，按时、按规定填写仪器设备使用和维护记录；

③对非定型生产的专用检测设备、新开发的检测设备、从以机测为主改为自动采集信号为主的技改设备以及其他用于检测的非标准检测设备，均应按规定程序通过鉴定并经计量检定或自检合格后方能投入使用。

（4）由施工单位现场取样送检的，现场取样应在建设单位或者监理单位见证人的监督下进行。提供检测试样的单位、个人和取样见证人员，应当对试样的代表性和真实性负责。见证人员应由具备相应专业知识的专业技术人员担任。建设单位或者监理单位应在工程开工前，指定见证人员，并将见证人员单位、姓名等基本情况书面告知所委托的检测机构。

（5）检测报告应公正、科学、规范，并符合下列规定，方可作为工程质量验收依据：

①由检测机构按规范规定在施工现场采样、封样进行检测，检测结论应对其试件所代表母体的质量状况负责，严禁出具"仅对来样负责"的检测报告；

②由建设或监理单位和施工单位按有关见证取样送检制度送样，或由建设、监理和施工单位在施工现场采样、封样的，检测报告应注明见证单位和见证人员；

③检测机构出具的检测报告应字迹清楚、结论明确，经检测、审核、批准等相关责任人签字，有注册专业工程师要求的专项检测报告，还应加盖注册工程师专用章；

④检测报告应加盖省建设行政主管部门颁发的资质专用章和检测机构的公章或报告专用章，多页检测报告应加盖骑缝章；

⑤检测机构在工程现场进行抽样或现场检测，其检测报告应包含足够的信息，如工程概况，检测内容，检测依据，检测方法，取样方式、数量、部位及相应的规范要求，检测结果等内容及其他需要包含的内容。

（6）承担专项检测的现场检测，现场检测人员不得少于2人。

（7）检测机构应加强检测资料管理，建立台账，检测合同、委托单、原始记录、检测报告应当按年度统一分类、连续编号，原始记录、检测报告数据不得随意抽撤、涂改。单独建立检测结果不合格项目台账。检测机构资料归档保存应符合国家有关规定。

（8）检测机构承接检测业务应当与委托方签订书面合同。其内容包括委托检测的内容，执行标准，双方责任、义务以及争议解决方式等内容。对在建工程的工程质量检测业务，应由建设单位委托具有相应检测资质的检测机构承担。同一单位工程的材料检测业务，原则上应委托同一检测机构检测。

（9）检测机构应当将检测过程中发现的建设单位、监理单位、施工单位违反有关法律、法规规程和技术标准情况以及检测结果的不合格情况，及时报告工程所在地建设行政主管部门或工程质量监督机构。

（10）检测机构不得承接与其有隶属关系或者其他利益关系的勘察、设计、施工、监理单位以及建筑材料、建筑构配件、设备供应商的检测业务。

（11）检测机构和检测人员不得推荐或监制监销建筑材料、构配件和建筑设备。若检测机构及检测人员有违反规定的，建设行政主管部门将按有关法律、法规予以处理。

第五章 建筑工程项目质量检测技术

第一节 建筑工程项目地基与基础分部工程质量检测技术

一、建筑工程项目常用的复合地基桩体检测方法

常见的桩体质量检测方法主要有钻孔取芯法、高应变动测法、静载荷试验法、声波透射法等。

（一）钻孔取芯法

钻孔取芯法检测桩体完整性主要是通过对桩体抽芯样本的评定，进而推测桩基的整体质量。通过取出的芯样可以直观地了解桩基的内部情况，对局部缺陷情况、桩体强度、桩长、桩底沉渣厚度等情况做出具体判断。因为钻孔取芯法属于有损检测范畴，并且只能判断所取样本周围的情况，所以钻孔取芯法一般作为桩基检测的验证方法，大面积检测仍需以无损检测为主。

（二）高应变动测法

高应变动检测的方法是对桩基施加竖向冲击力，在该冲击力的作用下，桩基会贯入土中。通过对桩基质点的加速度和力的时程曲线的测量，并通过波动理论分析，判断桩身完整性和承载力的检测方法。高应变动测法因其设备庞大、费用昂贵、适用范围有限等，难以成为桩基质量检测的有效方法，主要在工程验收现场试验时采用。

（三）静载荷试验法

桩基承载力是桩基质量的最直接表现。静载荷试验法可以客观地实测桩基承载力，它是将一定重量的荷载分段加载于受测桩基顶部，直到桩基发生破坏，之后再逐级释放荷载。荷载量的大小直接反映桩基的承载力，因此静载荷试验法主要运用于工程设计阶段或者桩基质量校验。静载荷试验法会造成桩基本身的破坏，因此它属于有损检测，并且其设备庞大，检测周期长，检测费用高，在工程应用上难以广泛应用。

（四）声波透射法

声波透射法是通过对声波在桩体介质中传播的各种声学参数的采集、分析来判断桩体质量的一种检测方法。采用超声脉冲检测基桩缺陷的基本依据是：利用脉冲波在技术条件相同（指桩体的原材料、配合比、龄期和测试距离一致）的桩体中传播的时间（或速度）、接收波的振幅和频率等声学参数的相对变化来判定基桩的缺陷。超声脉冲波在桩体中传播速度的快慢，与桩体的密实度有直接关系，对于原材料、配合比、龄期及测试距离一定的桩体来说，波速高，则桩体密实；相反，则桩体不密实。

当有空洞或裂缝存在时，便破坏了桩体的整体性，超声脉冲波只能绕过空洞或裂缝传播到接收换能器，因此传播的路程增大，测得的声时必然偏长或波速降低。另外，由于空气的声阻抗率远小于桩体的声阻抗率，脉冲波在桩体中传播时，遇到蜂窝、空洞或裂缝等缺陷，便在缺陷界面发生反射和散射，声能衰减，其中频率较高的成分衰减更快，因此接收信号的波幅明显降低，频率明显减小或频率谱中高频成分明显减少。再者，经过缺陷反射或绕过缺陷传播的脉冲波信号与直达波信号之间存在声程和相位差，叠加后互相干扰，致使接收信号的波形发生畸变。根据上述原理，可以利用桩体声学参数测量值和相对变化综合分析，判别其缺陷的位置和范围，或估算缺陷的尺寸。

各种检测方法都有其适用范围和局限性。静载荷试验法、高应变动测法和钻孔取芯法都属于有损检测范畴，破坏桩基完整性，并且费用较高，不适合大面积检测时采用。钻孔取芯法因其结果准确直观，一般作为缺陷桩的复检和抽检手段。相对于以上几种方法，声波透射法以其技术相对简单、设备轻便、检测速度快、成本低廉等特点，在桩基质量检测中被广泛应用。

二、建筑工程项目低应变反射桩基检测技术

（一）低应变技术分类

目前的低应变法主要有：反射波法、机械阻抗法、水电效应法、动力参数法等。这些方法都是通过在桩顶面施加激振力，桩顶面的传感器接收并传递应力波信号，最后在显示器上放大时域曲线，对桩身质量及完整性进行评价、判定。

1.反射波法

反射波法的原理：利用小橡胶锤在待检桩顶面施加竖向激振荷载，荷载以应力波的形式沿桩身向下传播，应力波传播至桩身存在明显的阻抗变化界面（桩断面、严重离析部位、桩底等部位）或明显的桩截面积变化位置（缩径、扩径部位）时，应力波折射，经传感器接收来自不同部位的反射信息，在专用显示设备上放大，最后从业人员进行数据处理、评价、判定。

2.机械阻抗法

机械阻抗法按激振力的施加方式分为瞬态阻抗法和稳态阻抗法两种。其中瞬态阻抗法采用小橡胶锤在桩顶面施加激振力，使桩身自上而下产生衰变的应力波信号，同时信号采集仪接收激振力脉冲信号与衰减震荡信号，并进行双通道频响函数分析，显示仪器显示桩体的时域曲线，最后根据曲线对桩身的完整性、实际长度等进行计算、判定。稳态阻抗法对缺陷的叠加识别较困难，忽略了桩侧土的阻尼影响，而且对桩身局部缺陷、缺陷位置和程度的判定准确度较之反射波法较差。

3.水电效应法

水电效应法的原理：通过施加瞬间激振力的方法得到桩-土系统的频响函数，根据频响函数判断桩身质量的好坏。水电效应法是利用电能，使桩顶周围的水受热，电能转化为水蒸气内能。膨胀的水蒸气对桩顶面施加冲击力，传感器接收来自桩身的波信号，后期进行分析、评价、判定。

4.动力参数法

动力参数法基桩动力检测技术，实质上是测定桩的频率和初速度，用于换算桩基的各种计算参数，包括频率法和频率-初速度法两种。

低应变反射波法检测时，在桩体内部激发低能量的低幅振动，并利用波动理论判断桩身缺陷。低应变反射波法（低应变法）的理论基础是将受检桩假设为"一维弹性杆件"的理想条件。当桩基与基岩衔接紧密或者桩基嵌岩段较长时，被测桩则很难满足以上条件。因为桩身和桩周围岩的波阻抗差异太小，使得在其反射波曲线上分辨不出桩底反射波形；若桩周围岩或者土层的阻尼太大，则基桩本身缺陷的反射信号将会因此而削弱或者抵消。此外，如果桩身缺陷呈过渡性变化，没有明显的变异界面，缺陷信息就很难从测得的曲线中看出。

（二）低应变反射波法数据采集

低应变反射波法的数据采集涉及物理学、计算机科学、信号学、数学等多种学科。数据采集的首要任务是对反射波信号的采集和分析，而这部分工作主要由桩基检测仪器完成。近几十年来，桩基检测仪器在软件和硬件方面都取得了很大进步，各仪器生产公司也根据自身的仪器特点研制出对应的软件系统，现场数据的记录和数据处理也可以由这些软件完成，这就大大减轻了检测工作人员的劳动强度。

1.仪器设备

桩基检测系统主要包括激振系统、测量系统和数据分析系统三个部分。

（1）激振系统

激振系统用来激发桩顶振动，可以分为瞬态激振系统和稳态激振系统两种。瞬态激振主要使用力棒或者手锤等，稳态激振则主要为电磁激振器。低应变检测时多数情况下使用瞬态激振，也就是使用手锤或者力棒锤击桩顶。锤体质量一般为几百克到几十千克不等，锤头的主要材料有铁和尼龙等。

施加于桩顶的冲击载荷主要受锤重、锤头材料影响。锤头材料越软，质量越重，荷载作用时间就越长，由此激发的振动以低频成分为主；反之，锤头材料越硬，质量越轻，荷载作用时间就越短，并且以高频成分为主。不同的桩长和桩径，使用的激振频率应当有所区别。事实上，只要脉冲频谱在传感器的频响范围之内，桩顶传感器采集到的信号就可反映桩的纵向振动规律。

除了频率匹配之外，激振脉冲还应当具有足够的能量，能够激发整个桩基纵向振动。因此，当桩基较长时，应当选择重量大并且锤头材料较软的锤；当桩基较短时，就应当选择重量轻、锤头材料较硬的锤。

（2）测量系统

测量系统的作用是将振动的能量加以转换、放大、显示或者记录，它是桩基检测系统的主要硬件部分。其中一个很重要的组成部分是固定于桩顶的传感器。根据被转换的物理量进行分类，传感器可以分为位移传感器、加速度传感器和速度传感器三大类别。其作用都是将物体的运动信息（位移、速度、加速度）转化为容易识别的模拟信号或者数字信号（通常为更加普遍的电信号）。磁电式传感器和压电式传感器就分别属于速度传感器和加速度传感器。

基于电磁感应基础的磁电式传感器，由于工作频带宽度有限（10~1000 Hz），谐振频率低，在很多时候被频带宽度更宽的压电式传感器（频带宽度>2000 Hz）取代。

压电式传感器主要利用压电晶体的压电效应来实现信号转换。当传感器受迫振动时，就会在其输出端产生电荷或者电压，电荷量的大小和电压的高低与传感器受到的加速度成正比。该类型的传感器具有频带范围宽、灵敏度高、动态范围大等特性，同时兼具体积小、质量轻等优点，因此成为低应变反射波法测量的首选传感器。

常用的压电式传感器以结构形式可以分为中心压缩型传感器、三角剪切型传感器和环形剪切型传感器三种。

低应变反射波法在桩基检测中的上限频率一般为2 kHz以上。加速度传感器在测量时的上限频率一般不高于固有频率（15~20 kHz）的1/3，即加速度传感器能够测量的频率上限是 5~7 kHz，大于低应变法检测的上限频率，因此加速度传感器完全能够满足测量要求。

传感器采集的信号中往往存在噪声干扰，整体信噪比较低。因此在仪器记录之前需要对信号进行处理。低应变现场数据主要经过信号放大、采样、滤波和模数转换几个步骤。

应力波在传播过程中由于传播距离的增加，能量衰减比较严重，这会给信号的分析增加难度。信号放大通常分为两种情况：一种是对传感器接收到的压电信号进行放大；另一种是对反射信号的增益进行放大。从经过放大后的反射波信号中，可以更加清楚地分辨桩底反射和缺陷信号。递归型滤波器和非递归型滤波器在设计方式和性能上都有很大差别，FIR 滤波器可以针对工程上特定的频率进行设计；而 FIR 是通过设计模拟滤波器的方法进行设计的。

由于计算机只能识别和处理数字信号，因此由传感器采集到的模拟信号需要进行模拟信号到数字信号的转换，这一过程被称为模数转换，又称 A/D 转换。衡量模数转换的指标主要有转换精度和采样频率两个。转换精度的大小直接关系到转换后的数字信号的质量。在实际工作中，连接线缆、传感器的安放、现场周边的电磁干扰以及检测仪器内部都有可能产生影响信号的噪声。因此在低应变检测中，保证传感器与桩头充分耦合，各线缆正确连接，并暂停周边人员机械操作，都有益于增强信号的信噪比。

（3）数据分析系统

数据分析系统主要在低应变检测仪器配套的处理软件上进行。以PIT-W2003系统为例，该套软件系统不仅可以将检测结果进行力、速度、加速度分析，还可以根据具体需要生成反射波曲线图表和各种参数表。

美国桩基动力公司致力于桩基检测技术的研发已有数十年时间，代表了该领域的国际先进水平，其公司生产的桩身完整性检测仪配有宽频带、高分辨率、高灵敏度的压电式加速度传感器。其A/D转换精度可达16位，能够有效探测微弱的桩底反射信号和缺陷信号。配套软件系统PIT-W2003可提供包括时间域分析、频率域分析、测剖面分析、量化阻抗分析、双速度分析等多种分析手段，准确地判断桩基的完整性。

2.现场操作及注意事项

在进行反射波法低应变检测之前，首先应当对被测桩顶进行处理，保证桩顶干净无积水，如果桩顶有浮浆应当提前凿去，桩顶应露出平整坚实的混凝土。激振点和传感器的安放位置应提前打磨光滑，以便于激振操作和传感器的黏结。在现场数据采集过程中，激振技术和传感器耦合度将会对信号质量产生直接影响。低应变数据采集应注意以下事项：

第一，激振方向应尽量满足竖直向下，传感器的安置应与桩的长轴一致。传感器安置时要保证耦合质量，黏结剂最好选用黄油、凡士林等。黏结时保证传感器固定即可，黏结剂如使用过多，则必将影响反射波信号的采集，影响数据质量。同时，选取激振点时，应当避开外露钢筋的区域，防止其在激振时产生干扰信号。

第二，实际检测之前，通过对桩基参数的了解，选择不同质量和材质的力棒，以获得低频的宽脉冲或者高频的窄脉冲。激振力要尽量竖直，激振的能量应适当，即在能够看到明显的桩底反射的前提下尽可能小，使桩周介质产生的介质尽量小，以减少对波形的干扰。同样，可根据实际情况，在现场变换传感器和激振的位置，改变激振能量和频率，便可同时检测桩基深部和浅部的缺陷情况。

第三，现场检测时，应当排除现场干扰源，并能够根据采集到的反射波形对数据采集质量做出简单判别。根据桩径的大小，布置多个检测点（尽量对称），每个检测点记录的有效波形不少于三个，必要时可多次采集，足够数量的现场数据是保证室内数据处理结果准确的前提。

第四，在操作现场应判定信号是否能反映该被测桩的完整性。若同一区域内的不同检测点的信号一致性较差或者同一根桩的多次激振一致性较差时，应增加监测点的数量，并分析可能出现此情况的原因，如果是桩顶局部质量问题，应协调相关人员，及时处理。

激振力和激振点的微小变化都会在反射曲线中体现出来，这也给检测人员的质量评定增加了难度。桩身完整性检测仪可根据多次激振采集的有效反射波对波形进行加权平均，可以达到压制干扰波，突出有效波的作用。但是对于初始相位不同的反射波，单纯地叠加则有可能将有用的缺陷信息掩盖。因此，对检测信号分析应该从多角度入手，不可一概而论。

（三）常见桩基缺陷及波形

桩基的施工具有高度的隐蔽性，同时，影响桩基工程质量的因素又多，因此如何控制好桩身质量、确保整个桩基工程和上部结构的安全，备受工程各相关方的关注。混凝土灌注桩在成孔和灌注过程中的施工不当，极易形成扩径、离析、缩径、断桩等缺陷。因此有必要对桩基常见的缺陷从理论模型到实测波形深入分析。

1.完整桩

对于不同的受力情形，摩擦桩和端承桩（柱桩）的波形曲线有所区别。摩擦桩的桩身阻抗大于桩底土层（持力层）的阻抗，这时桩底反射和入射波相位相同。桩底反射波的幅值略低于入射波，桩底土质越软，则桩底土阻抗越小，此时除了桩底反射波和入射波相位相同外，反射波的幅值也会越大。端承桩（柱桩）与摩擦桩正好相反。当端承桩或者嵌岩端承桩桩底岩土层波阻抗逐渐增大，反射波幅值变小；若桩底岩土波阻抗与桩身混凝土波阻抗近似，桩底反射波就趋近于零，即无法观测到明显的桩底反射波，这说明桩基与桩底岩土层贴合紧密；若桩底岩土层波阻抗大于桩身混凝土波阻抗，则桩底反射波与入射波相位相反。

2.断桩

断桩表现为反射波曲线多次等周期衰减。反射波的第一子波是从高阻抗材料传向低阻抗的水、空气或者泥土等介质，其相位与桩的初始入射波相同，而之后的波由于重新返回高阻抗介质，其相位又与入射波反相。若桩基深部存在缺陷，则情况类似于摩擦桩的桩底反射，即反射波相位与初始相位同相，但是按平均波速推断的桩长却远远小于设计桩长（或者按实际桩长推算其波速度远大于混凝土的平均波速）。这很可能是桩基未打到设计的深度或者深部存在断桩的现象。桩基的浅部缺陷一般指深度在 5 m 之内的缺陷，这往往由机械开挖所致。它的反射波曲线与中部断桩类似，不过峰与峰之间更密，幅值更小，有时往往叠加在某一低频包络曲线上，并且衰减较慢。

3.缩径桩

缩径桩是指局部桩身直径小于设计要求的情况，这种情况一般是在灌注混凝土的过程中孔壁坍塌造成的。此外，导浆管上拔速度过快、过高，也会导致桩径缩小。当桩身出现缩径现象时，缩径的浅部表现为反射波与入射波同相，深部反射波与入射波反相。像这样由于缩径引起的反射波波形，其界面波阻抗差异较大，所以反射波清晰完整，缩径严重则可出现多次反射波。

4.扩径桩

扩径桩是指局部桩身直径大于设计要求的情况，这种情况一般视为"有利"缺陷。用低应变法检测桩身完整性时，由于扩径位置、程度不同，波形曲线往往呈现规则或不规则形状。当扩径浅部入射波入射后，压缩波表现为拉伸波，故该处反射波与初始入射波反相；当入射波进入扩径底面时，反射波与初始入射波表现为同相。但由于扩径形态不一，其反射波表现也将有所差异，严重扩径时，也会出现多次反射波，这时扩径底面的同相反射波会更为明显。

5.离析桩

桩基的离析是指桩基混凝土拌合物成分互相分离，造成内部组成和结构不均匀而出现桩基质量缺陷的情况。引起桩基混凝土离析的情况比较多，归纳起来主要有：混凝土和易性差、导管进水、导管埋深不足、混凝土初凝前地下水位变化等。当基桩出现离析的情况时，从理论上讲与缩径桩类似。在离析的上界面反射波与初始入射波相位同相，而在离析的下界面反射波与入射波反相。但由于离析程度的差异和材料阻抗的差异，有时会引起应力波在离析层间的复杂反射、折射和散射，表现为层间能量的强吸收。因此在反射波波形上的表现为幅值降低，波形较复杂，甚至难以找到明显的同相或反相的反射波。

上文中仅仅列举了比较有代表性的桩基质量缺陷并加以分析，实际缺陷反射波的形态往往更加复杂，同一根桩基也存在同时包含多种缺陷的情况。并且只要波阻抗变化过程相同或相似，即使不同形式的缺陷，对应的反射波形态也会十分类似。但是如果缺陷的性质和程度相近，只是位置不同，反射波的形态特征就会有明显的区别。因此在桩基检测工作中，应当结合地质条件、成桩类型和施工工艺等具体要素分析反射波时程曲线。要做到准确、科学地评价桩基的完整性，在工作中需要不断积累经验，归纳总结，提高检测结果的可信度。

三、建筑工程项目高压旋喷桩成桩技术

（一）高压旋喷桩技术的成桩机制

高压喷射所采用的硬化剂主要是水泥，并在其中增添防治沉淀或加速凝固的外加剂。旋喷固结体是一种特殊的水泥土骨架结构，水泥土的水反应要比纯水泥浆复杂得多。水泥土是一种空间不均匀的材料，因而在高压旋喷搅拌过程中，水泥和土混合在一起，土颗粒间被水泥浆所填满。水泥水化后在土颗粒的周围形成各种水化物的结晶，它们不断生长，特别是钙矾石的针状结晶，很快地生长交织在一起，形成空间的网络结构，土体被分隔包围在这些水泥的骨架中。土体不断被挤密，自由水也不断减少，甚至消失，便形成了一种特殊的水泥土骨架结构。

固结体强度随时间增长的机制可分别从水泥的水化硬化作用，水泥土空间结构的形成，水泥与土之间的长期物理、化学变化等方面加以解释。水泥中的四种基本矿物熟料分别与水发生化学反应，生成一系列结晶。随时间增长，结晶过程不断趋于完整，这些结晶成了水泥石强度的主要来源。水泥的加入已从根本上改变了土体结构，水泥包裹在土颗粒表面，并把它们粘在一起形成整体。在短时间内，土粒周围充满了水泥凝胶体。随时间增长，水泥凝胶体结晶，并逐渐充满土体的空隙，土体与水泥形成特殊的水泥土骨架结构，土的强度也随之得以改善。水泥凝胶体的结晶过程是较缓慢的，因此，加固体的强度会在较长时间内持续增长。

旋喷桩固结体强度的产生基于水泥土的物理、化学反应过程。在水泥土中，水泥的含量较少，水泥的水解和水化反应完全是在具有一定活性的土介质围绕下进行的，因此，旋喷桩固结体强度的增长过程也比混凝土桩缓慢。一般来说，对于不同土类、不同含水率，水泥土强度随龄期增长的速率是不同的。

（二）隧道旋喷桩固结体的基本特性

旋喷桩施工时，高压喷射流边旋转边缓慢上升，对周围土体进行切削破坏。切削下来的土颗粒，一部分细小的颗粒被喷射浆液所置换，随着冒浆流出地表。其余的土颗粒或土团，在喷射动压、离心力和重力的共同作用下，在横断面上按质量大小重新排列分布，一般小颗粒在中部居多，大颗粒或土团多分布在外侧或边缘，四周未被切削下来的土体被挤密压缩，形成了浆液主体、搅拌混合、压缩等组成部分。

1.固结体尺寸

固结体的直径或加固长度与下列因素有关：土的类别及其密实程度、喷射方式、喷射技术参数（包括喷射压力与流量、喷嘴直径与个数、注浆管提升与旋转速度）、喷嘴出口处的地层静水压力。

2.固结体形状

固结体的形状可通过调整喷射参数来控制。由于喷射流脉动及提升速度不均匀，固结体表面一般较粗糙。

3.固结体密度

高压喷射注浆时，一部分土粒随冒浆带出地面，固结体中土粒含量较原状土少，而且含有一定数量的气泡，喷射注入的水泥浆或水泥砂浆接近原状土的密度。因此，固结体的密度与原状土密度接近。一般情况下，黏性土和黄土固结体轻于原状土 10％左右。

4.固结体渗透性

固结体内虽含有一定数量的气泡，形成一定的孔隙，但这些孔隙并不连通，且固结体的外围有一层致密的硬壳，使固结体具有较好的防渗性能。

5.固结体强度

固结体各部分因水泥含量不同而强度不同，搅拌混合部分强度最高，渗透部分强度最低。

四、建筑工程项目基坑防水帷幕渗漏隐患地球物理检测技术

（一）软土基坑防水帷幕及其常见缺陷

1.软土基坑防水帷幕

软土是指天然孔隙比大于或等于1.0，且天然含水量大于液限的细粒土。防水帷幕是一个概念，是工程主体外围止水系列的总称，用于阻止或减少基坑侧壁及基坑底地下水流入基坑而采取的连续止水体。基坑围护分三个部分：第一部分是挡土桩部分，其作用主要是挡土墙，形式可能是钢筋混凝土灌注桩或其他形式的桩，桩与桩之间有一定的空隙，但是能挡土；第二部分是防水帷幕部分，其作用是使挡土墙后的土体固结，阻断基坑内外的水层交流，形式可能是水泥土搅拌桩或者压密注浆；第三部分是支撑。地下连续墙是基坑围护的另一种形式，多用于深大的基坑。常见的防水帷幕有高压旋喷桩、深层搅拌桩防水帷幕、旋喷桩防水帷幕、螺旋钻机素砼或压浆防水帷幕。地下连续墙、钻孔咬合桩等形式的地下围护结构形式，因为自防水效果较好，有的都不需要再设置防水帷幕。如果基坑底面处于地下水位以下，降水有困难时，基本需要设置防水帷幕，以防止地下水的渗漏。

2.防水帷幕的常见病害

根据施工工艺的不同，防水帷幕划分为多种类型，不同类型的防水帷幕经常存在不同的渗漏隐患问题。主要的问题有：①深层搅拌水泥土防水帷幕可能出现的主要问题是墙体连续性差或因孔距大而造成套接处墙体有裂缝；②塑形混凝土防水帷幕存在的主要质量问题是各槽段结合不好，墙体连续性差，底部缩径，容易形成裂缝；③震动切槽法施工的帷幕可能出现的问题为局部充泥，地下水位以下局部无墙不连续；④高喷灌浆帷幕易造成上粗下细的固结体和墙体架空、离析等；⑤钢筋混凝土帷幕易造成墙体夹泥、离析等。

（二）防水帷幕检测方法

防水帷幕施工质量的评价标准是隔水效果。目前一些常用的传统检测方法可间接反映帷幕施工质量，但不能准确评价帷幕整体的隔水效果。检测方法有以下几种：

1.帷幕固结体的单轴抗压强度检测

帷幕固结体的单轴抗压强度检测是以期通过固结体强度间接推测帷幕质量。在搅拌桩、高压喷射注浆施工完成 28 天后，对帷幕固结体的搭接部位钻取固结体芯样，检测帷幕深度、固结体的单轴抗压强度及完整性，检测点的数量不宜少于总注浆孔数的 1%；检测点的部位应按随机方法选取，同时应选取地质情况复杂、施工中出现异常情况的部位。根据工程经验，固结体的 28 天无侧限抗压强度，砂土不宜小于3 Pa、黏性土不宜小于1 Pa时。

2.轻型动力触探

在搅拌桩、高压喷射注浆帷幕施工完成 7 天内，采用轻型动力触探方法对水泥土固结体的早期强度进行检测，检测点的数量不宜少于总桩数或总注浆孔数的 10%，水泥土固结体的轻型动力触探（N 10）击数需大于原状土击数的两倍。

3.孔内压水和抽水试验

对桩体、注浆固结体采用钻孔内压水和抽水试验，检测桩体、注浆固结体的抗渗能力，检测点的数量不少于总桩数或总注浆孔数的 1%。

4.围井压水和抽水试验

采用拟选定的设计、施工工艺参数，在正式施工前施工专门的围井，进行固结体围井内的压水或抽水试验。检测帷幕整体的渗透系数，通过观测围井内的水位及渗漏情况，检查隔水效果。

传统的防水帷幕检测方法只能反映帷幕局部的状况，不能反映防水帷幕的整体质量。而地球物理检测手段可以实现剖面测量，这类方法在水利工程防渗墙检测中得到了广泛应用，而在防水帷幕质量检测方面尚未出现相关应用，若能将其应用到这一领域，将会有效弥补传统手段的不足。目前在建筑工程防渗墙质量检测中常用的地球物理检测手段包括电阻率法和地质雷达法。

电阻率法探测是以地下岩（矿）石之间的电性差异为基础，根据地面测定和研究人工或天然电场，以及电磁场的分布特点和变化规律来推断地下电阻率分布，从而推断地质构造和矿产资源的分布状况，即电阻率法勘探中的反问题。高密度电法全称为高密度电阻率法，于 20 世纪 80 年代初研究成功。20 世纪 80 年代后期，我国原地质矿产部系统率先开展了高密度电阻率法的研究，并且广泛应用于工程地质及水文地质中。电极距可以视探测深度和探测目标体的尺度设置到很小的距离（最小极距可设置到几十厘米），并且可以同时采集地面和井中的数据，充分体现了高密度的特点，多方位大量的数据为反演成像打下了良好的基础。该方法具有采集数据信息量大（可进行成像计算），成图直观、可视性强，采集装置种类多、仪器轻便，采集信号信噪比高，采集效率高等优点。

地质雷达是基于地下介质的介电差异，向地层发射高频电磁波，并接收地层介质反射的电磁波进行处理、分析、解释的一项高分辨率工程物探技术。

（三）电阻率法检测技术与基本理论

物探方法的开展是以探测目标体和周围介质存在物性差异为前提的。目标体的物理性质包括波速、波阻抗、电阻率、介电常数等。电阻率法检测技术就是一种以介质中电阻率的变化为物理基础的检测手段。防渗墙在浇注时，由于墙体材料基本相同，其电阻率可视为基本一致；在浇注过程中，若存在漏浇、欠浇或各槽段连接不好等质量隐患时，隐患处的电阻率与其他完整防渗墙的电阻率有一定的差异，这为检测提供了良好的前提条件。传统电法勘探中的电测深法是反映某一位置点深度方向电性的变化；电阻率剖面方法能实现沿轴线的扫面测量工作，可反映电性在某一深度横向上的变化。目前能同时具备这两种功能并完成数据自动采集的方法就是高密度电阻率法。高密度电阻率法是 20 世纪 80 年代才发展起来的一种新型阵列电法勘探方法。该方法具有采集数据信息量大（可进行成像计算），成图直观、可视性强，采集装置种类多、仪器轻便、采集信号信噪比高、采集效率高等优点。

1.电阻率的基本理论

物质的电阻率差异是电阻率法的物理前提。电阻率是描述物质导电性的基本参数。某种物质的电阻率实际上是当电流垂直通过由该物质组成的边长为1 m的立方体时而呈现的阻抗。天然状态下土体具有非常复杂的结构和组分。在电法勘探中，可以一级近似地把土体模型看成由三相介质，即土骨架（固相）、孔隙液体（液相）和孔隙气（气相）组成。

对于土体来说，实际测得的电阻率为土骨架和孔隙液体耦合作用下的体电阻率。土体电阻率的影响因素包括外荷大小和土体本身的物理力学性质，如孔隙度、饱和度、含水量、盐度、温度、黏粒含量、矿物成分和压实性等。一般来说，当岩土体中良导性矿物的体积含量高时，其电阻率通常较低；相反，当造岩矿物含量高时，其电阻率也很高。孔隙液体中的电荷越多，电荷运移路径越通畅，导电性就越好，电阻率越小。

在电阻率法中，为了探测地下地质体的存在和分布，首先要在地下半空间中建立人工电流场，以研究由于地质体的存在而导致的电场变化，从而达到找矿或探测地下地质构造的目的。地质体与围岩间的电阻率差异是电阻率法的内在依据，施加人工电场并采用一系列探测技术是电阻率法的外部条件，两者的有机结合和正确运用是电阻率法取得地质效果的关键。

2.三维电阻率数值模拟理论

电法勘探正演模拟的主要作用可分为两类：一类是用于理论研究，针对通过物理或者数值模拟等建立起来的特定地电模型，利用各种正演方法求解其电场分布特征，可以用来了解不同地下异常体的异常特性；另一类是用来指导野外生产实践。

电阻率法数值模拟最常用的方法有积分方程法、有限差分法、边界单元法和有限单元法，各种数值方法在计算地电模型电阻率时有着各自不同的特点。

有限差分法的优点是方法简便易算；其缺点是，当物性参数复杂分布或场域的几何特征不规则时，适应性比较差。边界单元法的优势是正演速度快，内存需求少，主要用于地形改正和地下少量地质体的正演模拟。有限单元法与前述方法相比，在电阻率法正演方面有独到的优势：①在变分问题中，自然边界条件已经隐含地得到满足，推导过程简单；②在处理复杂的几何形状时，其灵活性和适应性比其他方法要好；③适用于多种介质和非均匀连续介质问题，由于多种介质和非均匀介质是物探场域的基本特征，这是其他数值模拟难以胜任之处；④有限单元法方程的系数矩阵是正定的，保证了解的存在唯一性；⑤对于二阶偏微分方程，其变分问题只含有一阶导数，大大降低了偏微分的处理难度。

3.地质雷达法及其基本原理

探地雷达是一种基于电磁波传播理论的高分辨率探测技术。在近地表地球物理探测中，可以精确探测浅地层的结构和其他目标体。

探地雷达开始工作后，首先通过发射天线向地下地层或目的体发射高频宽带短脉冲电磁波，经过地下地层或目的体反射后返回地面，为接收天线所接收。电磁波在介质中传播时，其路径、电磁场强度与波形将随所通过介质的介电性质及几何形态的变化而变化。因此，根据接收到波的旅行时间、幅度与波形等资料，可探测地下介质或目标体的结构、构造及目标体的埋藏深度等。

4.电磁波传播数值模拟

运用数值模拟技术，计算典型渗漏隐患的探地雷达图像特征是建立解译标志的重要途径。可运用时域有限差分法对地质雷达电磁波的传播进行数值模拟，通过设定不同类型的防水帷幕典型渗漏隐患的地电模型，得到具有针对性的雷达反射波波形图，分析这些解译图件，从而找出其一般规律。

第二节 建筑工程项目主体结构质量检测技术

目前，建筑工程施工中的质量问题越来越常见，因此，为了避免问题出现，许多工程开始运用质量检测技术，主要是针对主体结构进行质量检测。基于此，本节针对建筑工程项目主体结构质量检测的意义、存在的问题、技术应用以及有效对策等进行了简要描述。

一、建筑工程项目主体结构质量检测的意义

在建筑工程实施的过程中，为了保证顺利施工，需要对主体结构开展相应的质量检测工作。把控主体结构质量也能够提高工程的效率。建筑工程主体结构质量检测的意义具体包括以下几点：

一是能够促进工程效率的提高。从实际情况出发开展主体结构质量检测，具体的检测实践对象包括混凝土结构、钢筋保护层和砌体结构等，这些部分出现质量问题都需进行返工处理，不仅拖延工期也会增加工程成本。因此，适时开展质量检测能避免出现大规模返工，从而提高施工效率。

二是能够提升建筑工程的质量。工程质量检测会设定规范化标准，通过有效的检测手段获得检测结果，能够对建筑主体结构的质量结构有一个基础了解，对于质量不合格的结构需针对性处理，有利于提升整体建筑工程的质量。同时，质量检测对工程管理也有着强化作用，检测结果能够指引之后施工的管理方向，从而保证后续施工质量达标。

三是能够增强建筑工程的建设效益。通过开展合理、规范且科学的建筑工程主体结构检测工作，能够及时规避工程的各项风险，以免出现风险后而造成工程经济损失。

四是能够提升建筑企业形象。主体结构质量检测最终目的还是保证建筑工程质量，这也是企业开展项目的核心工作内容。而质量检测工作有效实施，也有利于帮助建筑企业对外树立良好的信誉形象，获得更多的合作项目，在竞争激烈的市场中占据一席地位，未来也能实现可持续发展。

二、建筑工程项目主体结构质量检测技术应用的问题

尽管建筑工程主体结构质量检测技术的应用带来了很多价值，但随着该类技术的应用范围越来越广，其也暴露出许多不足之处，具体包括以下几点：

第一，一些建筑工程项目中的主体结构质量检测人员素质偏低，许多工作人员对该项工作的重要性认识不充分，在检测时不够严谨和认真，同时，许多专业知识与操作技能未完全掌握，再加上部分人员职业道德水平偏低，忽视了相应的检测标准，直接导致检测工作质量不佳，也会造成无法弥补的损失。

第二，应用的检测技术较落后，许多传统开展主体结构质量检测的技术都需要对结构造成损坏，检测结果的准确性也不高，而现阶段出现了许多无损检测技术，但很多项目工作中没有积极推广这类技术。

第三，质量监管体系不够完善，缺乏良好的质量监管，也会影响到检测工作的规范执行，导致无法保证建筑工程主体结构的质量达标。

三、建筑工程项目各项主体结构质量检测中的技术应用

（一）混凝土结构的质量检测技术

建筑工程的主体结构当中，混凝土结构直接决定了其承载水平，因此，质量检测工作也必然会围绕混凝土结构进行。若是混凝土结构的质量不佳，那么建筑工程项目的整体质量也一定是不合格的。混凝土结构的质量还决定了建筑物的耐久性、使用寿命、抗冻性能和抗渗性能等。结合混凝土结构的特征，目前针对其开展质量检测的技术方法颇多，比如回弹法检测、钻芯法检测和超声回弹综合法检测的应用是比较常见的，此外还有射击法检测、压痕法检测和拔出法检测等手段。以回弹法检测混凝土结构质量为例，

对混凝土结构及相应构件的抗压强度检测的过程中，需使用到回弹仪，具体质量检测原理中利用了混凝土结构表面硬度与抗压强度的关系性，基于硬度来获得抗压强度，进而了解混凝土结构的承载水平。混凝土结构利用回弹法检测的测区布置图见图 5-1，这种质量检测方法的优点包括操作便捷、速度较快及不会给结构造成任何损害，因此应用较广泛。结合图 5-1 布置情况可知，回弹法实施的检测点都是在混凝土结构的表层位置，针对表面硬度开展检测，进而判断强度情况。但也正是由于这一特点的存在，回弹法质量检测的结果缺乏整体性，与钻芯法相比，其准确度偏低，再加上混凝土结构内部也具有一定复杂性，导致回弹法的使用更加受到局限，误差的产生难以避免。因此，为了获得更为准确的检测结果，还可能使用一些结构微创技术进行结果修正。

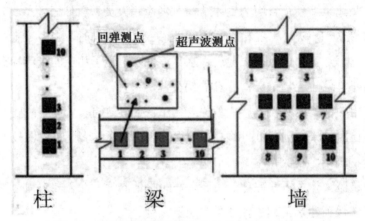

图 5-1 回弹法检测混凝土结构的测区布置情况

（二）钢筋保护层结构的质量检测技术

所谓钢筋保护层结构，顾名思义，主要是保护建筑物内部的钢筋，避免钢筋直接暴露在外部环境中，发挥出钢筋的支撑作用。有关建筑工程结构的规定中，也对钢筋保护层提出了明确要求，尤其是厚度方面，因为厚度会直接影响到保护钢筋的效果，若是厚度不足，很容易导致渗漏、钢筋生锈及露筋现象，直接导致建筑主体结构的使用性能下降。因此，目前针对钢筋保护层结构的质量检测技术也多是厚度检测技术。常用的技术方法包括两种，其一是混凝土雷达探测仪法，其二是磁感应测厚仪法。这两种方法都不会对被检测的建筑结构造成破坏，同时都具有便捷性和快速性的优势。雷达探测仪的检测方法原理是，利用探测仪来发送并接收相应电磁波，从而通过分析电磁波获得钢筋保护层厚度参数。这种方法还能够同时检测结构体当中的钢筋具体位置、钢筋实际直径参数，其检测的电磁波为毫微秒级，信号的穿透力极强，能够探测到很深位置的钢筋结构，也不会直接接触检测对象，效率较高且具有动态性。同时，在检测过程中，也可以调整探测频率的波长参数与宽度参数，应对不同的检测需求。磁感应测厚仪法检测主要是利用传感器类装置，传感器在进行钢筋结构检测时会产生一定磁场，这种磁场一旦与金属介质遇见，就会生成感生电场，进而向测厚仪发送信号，再将其转换为电信号，实现对钢筋保护层厚度、位置和钢筋直径的有效检测。在钢筋保护层结构的相应检测工作中，不论是采用哪种技术方法来开展检测，混凝土的原料和周围钢筋都会对检测的准确性造成干扰，因而其检测结果也会出现偏差，需要在局部采用钻孔的方法来进行修正或验证。

（三）建筑砌体结构的质量检测技术

建筑物的砌体结构也是重要的主体结构，其质量检测的重点是检测抗压强度。当前，检测建筑砌体结构的方法主要包括回弹法、贯入法、砂浆片剪切法、筒压法、点荷法和原位轴压法等，当前运用率最高的两项方法为回弹法和贯入法。例如，使用回弹法开展砌体结构强度检测时，其检测的速度比较快，检测面较广泛，且实施检测基本不会对砌体结构造成损害，属于典型的无损检测。在砌体的传统强度检测方法中，往往是建成之后在现场直接取样，采用压力测试手段来获得抗压强度的参数，不过这会对结构本身造成破坏，且砌体结构的性能也会出现变化，而回弹法刚好弥补了传统检测的缺陷，其检测程序比较简单，准确性相较于传统方法也有了很大进步。若是在砌体结构强度检测中采用贯入法，则其使用的工具包括增力杠杆、贯入深度检测仪、砂浆贯入器和测钉等，具体实施检测的原理是借助增力杠杆的作用，让砂浆贯入器当中的贯入杆从前拉到后面，达到要求位置后，将其挂在扳机的挂钩上，同时，待检测的砌体位置还要将设备固定好，然后扣动扳机，让测钉就此打进砌体结构当中，对其贯入的深度使用检测仪加以测量，就可通过测量结果来判断建筑砌体的抗压强度。此外，还可运用原位轴压法来检测建筑砌体结构质量，主要是在检测的墙体上使用原位压力机取一部分砌体来进行抗压测试，快速且直观地了解砌体强度情况，确认砌体结构的质量是否良好，不过这种方法的计算过程颇为复杂，同时也会给砌体本身造成损坏。

（四）装配式构件的质量检测技术

当前的建筑工程趋向于现代化发展，因而装配式建筑也越来越受欢迎，其相应的技术发展速度较快。一般是在工厂当中先加工好混凝土预制构件，随后将构件运送到工程现场进行装配。这种建筑工程的建设效率较高，但混凝土预制构件的质量也直接决定了建筑工程的整体质量，其会影响到主体结构的性能良好发挥，因此需要开展质量检测，主要是围绕着构件的结构性能来检测。目前的装配式构件检测项目当中，检测的内容主要是尺寸偏差、钢筋结构和混凝土强度，其采用的检测技术方法与检测混凝土结构的方法相似，都包括钻芯法、回弹法、勘查尺量法和磁感应法等。

（五）后置埋件的质量检测技术

后置埋件主要是在利用后锚固技术的建筑工程中常常被应用，后置埋件的施工较为简单，也具有灵活性和成本低的特点。一开始的后锚固技术主要是在建筑工程的结构加固以及改造中运用，由于效果较好，后续得到了推广式应用。当前建筑工程中应用后锚固的主要形式包括化学锚固、机械锚固和植筋等，其应用的领域包括幕墙结构、砌体结构、构造柱和圈梁部分，能够促进构件的性能提高；而后置埋件则是锚固构件，其质量直接影响到锚固效果，因而要开展检测，主要是围绕力学性能来检测构件。由于这类构件的使用数量较多，因此现场一般采用抽样检测的方法，选择检测的锚固构件对象可以品种、规格和强度相同，应尽可能采用无损检测的方法来检测，若是采用破坏性的质量检测技术，则应当尽可能选择容易补种修复的位置。

四、建筑工程项目主体结构质量检测技术应用的有效对策

（一）提升检测人员的专业素养

随着建筑领域的不断发展，建筑工程主体结构质量检测的要求也越来越高，而负责检测的工作人员专业素养会直接影响到检测效果，因此要保证检测人员的专业水平达标，避免检测工作开展出现随意性和低效性。与此同时，目前的质量检测技术在不断发展，检测设备也在不断更新，检测人员要保证检测工作顺利推进，还需掌握新技术与运用新设备，不断吸收新的知识，通过实践训练来累积检测经验，为获得准确的检测结果奠定基础。对此，相关机构应对建筑工程主体结构质量检测人员开展培训及考核，只有考核通过的人员才能参与到实际工作中，也可定期举办检测新知识的专题讲座、研讨会。若是有条件的机构也可安排人员外出学习，提高人员素养，保证检测工作的高质量落实。

（二）积极运用检测新技术

上述也提到，建筑工程在发展的过程中，许多新的检测技术开始出现，这主要是由于建筑工程质量水平要求日益提高，使用的建筑材料也日益更新；而一些传统的检测技术、方法以及相应的检测设备已经无法满足检测需求，其检测结果与实际情况之间的偏差较大；还有一些技术方法流程复杂，耗费较多时间。因此，建筑工程主体结构质量检测也需注重积极运用新技术，如运用一些信息化技术来开展质量检测工作，能够有效提高检测效率，还有利于让检测人员将相应数据收集起来并进行整合分析，在检测实践中不断优化调整检测程序，提升技术应用成效，制定出合适的规范标准，确保检测工作的质量，让建筑工程行业更为健康地发展。

（三）完善相应的质量管理体系

建筑工程的质量可以说是其生命所在，它不仅影响到一个建筑工程项目的顺利交工，也会影响到企业乃至整个行业的未来生存及发展。当下的建筑工程领域竞争十分激烈，建筑相关企业要想在市场中占据一席地位，必须完善质量管理体系，实现质量管理的改革，确保企业健康发展，这一体系也能够保障建筑工程主体结构质量检测工作有效进行。在完善体系的过程中，重点是找到不足之处，再结合实际情况做出针对性改进，提高建筑工程的质量，也提升企业的核心竞争力。从建筑工程主体结构质量检测方向上出发，要深度挖掘质量检测中存在的问题，确保检测结果能够准确、可靠、有参考价值。此外，质量管理体系中也需明确指出检测工作要做到合理、规范和科学，保证安排专业管理人员，让建筑物处于可控状态，确保检测工作的效率和质量。

综上所述，建筑工程主体结构的质量直接决定了工程项目整体质量水平。因此，为了保证主体结构质量符合要求，需严格开展对应的质量检测工作。

第三节 建筑工程项目屋面分部工程质量检测技术

一、建筑工程项目居住建筑常见外墙外保温检测技术

（一）建筑物围护结构保温性能检测及原材料检测的意义

目前我国建筑节能检测的依据由国家标准、行业标准和地方标准构成。随着建筑节能标准、规范、规程、法规的出台，建筑节能检测有了依据的标准。同时，从建筑设计、施工到验收都具有完善的技术支持和法律保障。建筑节能检测是监督建筑节能的技术方法，同时也促进了建筑节能的发展。建筑物围护结构保温性能检测能够为建筑的节能设计效果提供评价依据，能够发现围护结构在保温施工实施过程中出现的问题，及时反馈，及时进行原因分析处理，以便于后续施工过程中避免类似问题的出现。对外墙保温材料的检测非常重要，因为保温材料的性能是否能达到节能保温设计的要求，原材料本身是否能达到技术参数的要求，都直接影响到节能保温体系的效果和质量。

没有对原材料进行检测而直接施工，出现问题再返工，这是工程各方都不愿意看到的，因此前期要对原材料进行检测，发现原材料不满足要求，及时更换供应厂家，避免后期出现更大的问题。已经实施的建筑物围护结构保温节能项目，应进行保温性能检测；对未达到节能设计要求的，找出原因，进行针对性的改进，以达到节能设计的要求。因此，建筑物围护结构保温性能检测和节能保温原材料的检测至关重要，能够避免出现质量问题，同时也对业主负责，对施工方和原材料供应商起到监督的作用。

外墙保温材料受到外界环境的影响比较直接，夏季室外温度较高，保温材料保护层的温度也非常高；而冬天室外温度较低，保温材料的保护层也要经受低温的考验，加上保温材料的保护层材料在日光照射下，受到紫外线的影响，这些环境的因素都会加快外墙保温材料的老化甚至破坏。外墙保温服务周期要达到25年，在服务周期之内要经受各种恶劣环境的考验，如何检测节能保温材料是否达到预期的服务年限及保温节能效果，需要采用保温节能材料耐候性的检测。耐候性检测对保温材料的要求非常苛刻，检测模拟各种恶劣的自然环境条件，反复地进行恶劣环境的变化试验，模拟夏季高温暴晒、冬季低温严寒、雨季潮湿多雨，加速节能保温材料的老化过程。耐候性检测能够直观地

看到被检测材料在经受各种环境作用后的状况，为节能保温工程的实施提供真实有效的技术支撑。

相关文献提到，在试验室进行耐候性检测提供的数据与施工过后几年的外墙节能保温材料的状态无限接近，因此耐候性试验对建筑围护结构保温有重要的意义，不仅能够提前预判出现的问题，提前给予解决方案，还能够根据试验的结果，优化保温节能设计，对节能保温施工全过程进行控制，让建筑满足节能保温设计的要求，提供正确合理的保温节能原材料。

（二）建筑物围护结构保温性能主要检测技术

1.单试件法

单试件法对仪器的要求是各个方面的，如测试组件的精度、测温点的布置、控制系统的灵活，甚至包括仪器的机械加工精度等，这些都会对仪器的测量结果产生影响。对于仪器开发人员来说，如何提高仪器自身的测量精度是研究的重点。但对于节能检测人员来说，仪器的内部因素不是关注的重点，如何更好地使用仪器设备才是重要的关注点。对于泡沫塑料等轻质试件可取30 min，对于较厚重试件取1 h。当连续四组读数给出的热阻值的差别不超过±1%，并且不是单调地朝一个方向改变时即表示达到稳定状态。

单试件法使用过程的一些基本注意事项：试件冷热面温度差的设定要按照相关标准或其他规定进行，对于普通绝热材料，不宜将冷热面温差设定在10 K以下，极端情况也不应低于5 K，否则不易保持测试的准确性；对于软质保温材料，在保证夹紧的同时还要避免过度压缩试件，防止改变试件的热工性能而影响测量结果；对于硬质材料，要避免仪器的冷热板与试件之间产生空气间隙，采用导热良好的膏体材料排出缝隙间的空气。

对于常规材料，应在实验结束前对其测量结果做一个基本判断（其中密度是一个重要参考因素），如果出现意外结果，则应及时查找各方面原因。对于非常规材料，应在实验前根据材料的密度，以及与其相似材料的一些性能等参数做参考，粗估材料的导热系数，从而设定合理的温度范围，有利于缩短测量过程并得到更为准确的测量结果。仪器的冷热板表面不宜覆盖其他材料（一般是促进冷热板与试件的接触），如果采用这种方式，应做好与之相关的校准工作。

试件热阻不能太小。标准建议要大于 0.1（m²·K）/W；试件不能太薄；试件的导热系数不能太大；同时，试件不能太厚，否则在有限的测量尺寸下，试件越厚会导致测量温度场偏离一维稳态传热的程度越大，而一维稳态传热是测试的理论基础，必须得到保证才能确保测量的准确性。试件厚度对测量有较大影响，对于300 mm×300 mm尺寸的设备，比较理想的试件厚度为20 mm ～ 30 mm，一般不要超过10 mm ～ 50 mm的范围。不应对所有的材料都用统一的夹紧力。一般说来，试件越不平所需的夹紧力应越大，试件越硬所需的夹紧力越大。设备测量区的防护罩对试件的测量影响大小因不同的测试温度条件和不同的试件而不同，建议不要放弃防护罩的使用。测试时设备的大环境温度尽量保持稳定。

2.双试件设备与单试件设备的对比

双试件（平板法）设备与单试件（平板法）设备的对比：双试件法设备简单说来，就是采用在主加热板的两侧各设置一块相同试样，进行材料导热系数测试的方法。与单平板法设备相比，两者的区别在于：首先，由于双试件设备采用了两块试件，这就使得双试件设备避免使用了单试件设备中主加热板背后的背护热板，从而避免了主加热板向背护热板的传热问题，从这个角度看有利于提高设备的测量精度；其次，双试件设备所使用的两块试件必须完全一致（理论上），否则可能会引起主加热板向双侧的传热不均而导致测量结果产生偏差。实际中，无论是试件的厚度还是试件的均匀性，两块试件不可能做得完全一致，从这个角度看双试件设备不利于提高设备测量精度。

（三）外围护结构热桥部位内表面温度检测技术

1.外围护结构热桥部位内表面温度检测的概念

外围护结构热桥部位检测是针对热桥进行检测的，热桥部位占据建筑面积的25 %。热桥部位是建筑损耗较为严重的部位，是热传导的薄弱环节。针对热桥部位的特点，对热桥内表面温度检测，找出热桥内表面温度的分布，对降低建筑能耗有重要的意义。

2.检测方法

热桥内表面温度通常采用热电偶等温度传感器进行检测。

热桥内表面温度采用自动监测仪进行检测，通过计算机对数据进行分析。应选择热桥部位温度最低处作为内表面温度的测点，该位置的选择可以通过红外热像仪确定。当检测的房间面积大于30 m² 时，应该找两个测点来确保准确性。测点应处于室内，且与地面或楼板的距离在700 mm ～ 1800 mm范围内有代表性的位置。温度传感器应该远离太阳和热源。室外空气温度传感器应该设置在白色外表面的百叶箱内，距离建筑的距离应该控制在5 m ~ 10 m。温度传感器在室外适应温度不应该少于30 min。温度传感器距离地面的高度在1 500 mm ~ 2 000 mm，且避免太阳直射。热桥部位内表面温度检测应在采暖系统正常运行之后进行，检测时间应该是一年中最冷的月份，同时要避开温差较大的天气；检测时间不低于 3 个自然天，数据应该逐时记录。

在室外计算温度条件下，围护结构热桥部位内表面温度应该大于室内空气露点温度。在确定室内空气露点温度时，要保证室内空气相对湿度按照 60 % 计算。检测部位的检测结果满足上述要求的时候为合格，如果不满足上述要求则为不合格。

二、建筑工程项目基于超声的防水材料厚度检测技术

（一）基于 A 超的防水材料厚度检测试验设计

1.基于 A 超的防水材料厚度检测原理

目前，一般用传统测量方式中具有破坏性的割开针刺法对防水材料进行检测测量，至今未有发现将超声检测技术应用到防水工程现场施工质量检测当中。一是超声检测技术在被测试件的厚度测量上的应用得非常广泛；二是超声波测厚法早在另一种柔性防水材料（防水涂料）厚度测量上得到了长期的采用。因此这里将脉冲反射法原理与防水材料厚度测量进行结合。超声换能器当中的晶体材料通过逆压电效应产生超声脉冲信号。由物理知识可知，防水材料的声阻抗与它上面的耦合剂和下面的防水基层的声阻抗差异较大，从而当超声波在测量环境中传播时会在上、下两个异质界面处发生反射，然后再通过芯片的压电效应、电路的放大对回波信号进行识别，故而可以利用两个异质界面的反射回波情况与防水材料厚度之间的关系进行研究。

2.基于 A 超的防水材料厚度检测系统

此处设计柔性防水材料厚度超声测量系统的主要目的是在防水工程施工现场对防水材料厚度进行实时、快速、简便的厚度测量，在原理上也可称作脉冲回波法。通过分析反射信号的时差关系，打印生成最终的测量结果，依此对防水工程施工现场的施工质量作出公正的评判。

（1）超声检测模块

脉冲信号发射/接收单元、超声探头和主控计算机组成了防水材料厚度测量系统当中

的超声检测单元。检测软件控制着发射、接收超声信号，经过 A/D 转换得到数字超声信号，继而对其进行计算、分析和处理，得到最终测量结果，作为主控计算机的输入进行显示输出。

（2）数据采集与模块处理

A/D 转换单元、低噪声放大单元、时间增益补偿单元、高压放大单元、数据存储单元等组成了防水材料厚度 A 超测量系统的数据采集单元与处理单元，它既可以完成回波信号的采集与收发，也可以提高回波的成像质量。

（3）显示与输出模块

此模块出现在该 A 超测量系统的最后一个单元。一方面，它可以通过直观的人机交互界面实现获取数据采集与处理单元处理好的防水材料方位信息和厚度值信息；另一方面，它可以打印生成所测得的防水材料厚度值和含有防水材料厚度分布情况信息的 A 超信号图像。

3.防水材料厚度 A 超测厚试验

A 型显示是一种幅度调制显示，以回波幅度的大小反射信号的强弱，坐标系中的横坐标为超声波传播时间，纵坐标为回波信号的幅度。因超声波在介质中的传播速度是一常数，可以根据横轴计算各个波峰之间的距离。因此，A 型显示可以获取发射信号与反射信号的距离（垂直入射纵波时检验显示缺陷的深度），以及回波振幅的大小来判断被测试件内部缺陷的性质与方位。

（二）基于 B 超的防水材料厚度检测试验设计

1.基于 B 超的防水材料厚度检测原理

在理想测试条件情况下时，超声测厚可运用柔性防水层上、下异质界面反射回波的时间差测量法。研发的柔性防水材料 B 超检测仪的超声传感器在检测单元的采样点上来回水平移动，因为被测防水材料内部缺陷的杂质与防水材料材质本身由于非均匀性或者组成元素的不同等同于构成了两个异质的接触面，因异质界面声阻抗的差异超声波会发生反射和散射，传播于复杂路径的介质当中，传播过程当中会因与空气的摩擦而产生热能而导致所谓的信号衰减，表现在 B 超图像上就是防水材料厚度轮廓明显缺失的地方。

另外，整个 B 超测量环境的上、下两个异质界面由于不均匀性导致反射系数在 B 超图像上的广泛跳动性，即 B 超图像上产生的光点的亮度变化范围也会很大，表现在 B 超图像上就是反射条纹亮度分布不均匀。不过，这些弊端都可以通过后期的图像处理与分析加以避免，这也是 B 超测厚优于 A 测厚超的一个特点。

2.基于 B 超的防水材料厚度检测系统

整个系统分成硬件和软件两大部分，从功能上可具体分为信号采集模块、图像处理模块和显示输出模块三个主要部分。

（1）信号采集模块设计

本模块包含的单元有超声换能器（探头）、耦合剂（水）、超声数据采集卡（高采样频率的 A/D 转换）等硬件。超声信号由探头经耦合剂发射和接收后，经由高采样频率 A/D 转换的超声数据采集卡的采集和处理后，就可获得超声波所载有的被测试件内部缺陷的相关几何位置信息，然后将这些采集到的信息存储在超声数据采集卡的存储器里，作为下一个单元的输入。

第一，探头的选择。探头的类别各式各样且性能各有千秋，因此需要就被测试件的具体要求合理地选择探头。角度、芯片尺寸和频率是其中相对比较好的参考角度。

超声脉冲的发射频率与被测试件尺寸分辨率密切相关，假设使用的超声频率越大，那么超声的衰减就会越严重，超声所能检测到的厚度就会降低，埋没了超声测量的优越性。在平时作业训练探头的使用过程中发现当其超声发射频率在 1 ～ 10 MHz 时，对应的距离分辨率范围是0.3 mm ～ 3 mm。

细薄物体的测厚可以使用较小的芯片几何尺寸，因为超声换能器在近场范围内，声束十分狭窄，对于上、下异质界面的深度定位十分有利。产生这种现象的原因是芯片的几何尺寸，发射能量的大小及强弱、扫描空间的范围、几何长度都相对较小，相反能测量的最小厚度值变大。由于我们要测量整个测量环境物体上、下异质界面的几何深度，所以探头超声发射的入射角度需要垂直于被测试件物体的所测表面。

据以上分析，本系统采用10 MHz高频发射频率，具有窄脉冲、高增益、低阻抗以及良好透射能力的线阵式宽频带超声换能器。

第二，耦合剂的选择。耦合剂是一种能更好地促进超声脉冲从一种介质传入另一种介质的液体物质。我们在选择耦合剂的时候应从实用和环保的角度加以考虑，主要表现在以下几个方面：①耦合剂的声阻抗应与被测试件的声阻抗相接近，这样才能促进超声发射脉冲更好地进入被测试件内部；②耦合剂应满足具有足够强的黏性导致其可以足够附着在被测试件表面，并且可以填充因被测试件表面的凹凸不平而与探头产生的空气间隙；③不可以对周围环境造成污染；④来源方便、清洗简单、价格适当。

在防水工程现场施工质量检测时需要注意的一点是，在进行第一次防水材料铺设之后会有工作人员实施防水材料的蓄水试验（蓄水试验深度大于等于25 mm，蓄水试验时间应超过一个工作日）。这种蓄水试验环境造就了 B 超检测系统先天的耦合条件，减少了购买耦合剂的步骤，省去了测量后清除耦合剂的步骤，又解决了因耦合剂的残留导致对被测试件的表面造成不良影响的问题。综上所述，该防水材料厚度 B 超检测系统选择水做耦合剂。

第三，超声数据采集卡（采样频率大的 A/D 转换）的选择。依据防水材料厚度 B 超检测系统来看，可从以下五个方面对超声数据采集卡进行匹配择优选择：①生产商提供的 B 超检测硬件是否拥有便于图像处理系统开发的软件包；②图像数据采集卡的分辨率和检测频率是否满足现场作业的要求；③超声换能器的最大发射功率是否满足被测试件的厚度要求；④换能器发射脉冲的周期性是否与防水层的厚度值协调一致；⑤B 超检测软件的最大增益设置能否使材料的最小能测厚度产生足够的反射信号幅度波高。

依据以上几点要求，该防水材料厚度超声检测系统采用数字 B 超附属图像采集卡，因为它不仅可以采集到携带被测试件厚度信息的超声回波信号，还可以提高防水材料厚度 B 超成像的质量，其电路框图与 A 超类似。

数字 B 超系统附属图像采集卡与专用电脑共同构成了柔性防水材料厚度 B 超检测系统，在这里我们对它命名为 B 超检测虚拟系统。"虚拟"二字是指 B 超仪器隐藏于专用计算机的内部，并且这样的设计理念符合企业或者雇主的使用要求。此处涉及的防水材料厚度测量 B 超检测系统由生产型号为 BS-1000 型超声盒（数字 B 超图像附属采集卡）、工业专用计算机，10 MHz的高频率超声探头（可做超声谐波成像）等组合而成。

（2）图像处理模块设计

测量系统的核心是图像处理单元部分，由以探头承担的图像前置处理和以图像处理软件承担图像后处理两个部分组成。图像前置处理所需要承担的工作任务是存储信号采集模块所采集到的携带被测试件内部缺陷的几何尺寸位置信息并进行相应的图像重建，得到含有测量条件参数信息的防水材料厚度 B 超原始图像。图像后处理阶段主要是应用 B 超图像处理技术对原始图像进行预处理、分割、定位、提取，最后作为显示输出单元的输入。

为了最大限度地提高 B 超成像质量，这里采用改善探头之后的超声谐波成像，即利用回声信号中的二次谐波所携带的材料相关信息进行防水材料厚度声像图重建。它与其他基波成像的不同之处在于超声谐波成像是非线性扫描。超声谐波成像通过在谐波范围内成像采样回波信号，从而明显提高 B 超成像的质量，消除重建后图像中的测后阴影（伪像）。

（3）显示输出模块设计

此模块是检测系统最直观的也是最后一个环节。

它拥有打印报表结果清单的功能：专用计算机里的人机交互界面显示出你所需要的全部测量结果，并可做相应的分析与保存；因为其具有可视化、图像化的特点，可以实时通过图像观察被测试件内部缺陷的几何位置信息。这里需要说明的是，图像测量是以像素为单位，最终的厚度值以毫米为单位，因此防水材料厚度轮廓位置到防水材料厚度值要经过相应单位转换。即先计算出测量部分中所包含的像素个数，再乘以一个比例系数 k 得到被测试件的实际长度。比例系数 k 对检测结果的精度有着直接的影响。总的来讲，标定比例系数需要做好以下两个方面的工作：一是需要放大 B 超原始图像来求取比例系数 k（降低人眼的主观误差）；二是采用多次测量结果均值的方式作为最终 k 的结果。

比例系数 k 的测量方法如下：利用专用定制的 B 超检测仪采集到侧面带有规则打孔的防水材料 B 超成像原始图，根据事先早已知道的实际距离 D 和像素距离 d，用公式 $k=D/d$ 可以得到任意所需材料的标定比例系数，单位是 mm/px。

同样，它也具有显示输出的能力：可以把最终测量结果和带有被测试件内部缺陷轮廓位置信息的防水材料厚度 B 超原始图像进行自动生成。

3.两种基于 B 超图像的防水材料厚度检测算法设计

为了深入了解介质分界面反射条纹的 B 超图像信号，可对图像中介质分界面反射条纹间像素距离和最大灰度平均距离等特征量与某些防水材料厚度的关系进行两种关系的率定和分析。率定实验采用卷材防水材料施工中比较常用的弹性体改性沥青防水卷材（设计厚度范围1.0 mm ～ 5.0 mm）和塑性体改性沥青防水卷材（设计厚度范围1.0 mm ～ 5.0 mm）进行试验。B 超探头的发射频率为10 MHz，其他参数的设置与常规设置一样，防水基层经过抹平压光，基本上没有凹凸不平的地方。铺设防水卷材前对基层表面杂物清扫干净，每次采集确保探头垂直于防水层上表面，获得多幅异质界面的反射条纹图像，提取轮廓，并进行集中求和平均。特征量的提取主要有 B 超图像反射条纹间像素距离和最大灰度平均距离。

根据数字图像的定义，分布在规则网格上的大量离散像素点构成了图像，每个像素点在图像中都拥有一个相应的空间坐标矢量，它的模型就是其到图像原点的坐标距离。这里的像素距离是指防水材料厚度上、下反射条纹在同一纵轴线（Y 轴）上的一对像素点对之间的欧式距离，即这对像素点对的纵坐标之差的绝对值。B 超仪采集到防水材料厚度 B 超图像后，在原始图像中选取一个长方形感兴趣区（region of interest，ROI），统一对 ROI 进行快速双边滤波以达到在去除噪声的同时可以保留边缘细节的效果；接着根据 ROI 图像中表示反射条纹的像素数在 Y 轴方向的直方图分布，选择合适的阈值进行阈值分割并二值化，以提取出反射条纹部分；然后采用图像处理形态学中的细化算法对提取出的反射条纹部分进行细化；最后将细化结果作为霍夫变换直线检测的输入加上厚度计算。

第一，选取感兴趣区域。众所周知，复杂的图像处理算法比较耗时，同时为了避免与轮廓提取无关区域的干扰，我们需要事先划分一个感兴趣区域，并且该区域有利于后续图像处理。在前面讲过超声换能器是连续性周期性地发射超声信号，表现在 B 超图像上就是多条明亮的反射条纹，而同一个反射区域的相邻两条亮条纹的间距对应着实际防水材料的厚度。防水材料的厚度是个定值，因此同一个反射区域的相邻两条亮条纹的线宽中心线应该相等。

但是不能简单地认为线宽中心线的间距就是所求间距，因为不同位置采样线的灰度分布不尽相同。我们唯独可以认可的是同一厚度成像图像里的同一采样线上的最强像素点的像素距离是相同的，并且这个像素间距对应着防水材料的真实厚度。由于位于下方的第二次反射区域中的条纹对比度相对较弱，后续的图像处理算法会更方便。

第二，防水材料 B 超图像中斑点噪声的去除。从 B 超探头采集到超声回波信号到图像重建这一过程中，会引入比较明显的斑点噪声。当 B 超探头发射超声波照射到目标时，目标上因散射现象而产生的散射信号与发射信号之间产生干涉，继而形成斑点噪声，结果会由于 B 超图像相邻像素点的灰度值绕某一均值随机变化，使 B 超图像的灰度产生强烈变化，即在 B 超图像的某些区域中，有的像素点呈暗点，有的呈亮点，这种现象我们称之为斑点现象，并且把这种严重影响 B 超成像质量的噪声称之为斑点噪声。斑点噪声使得 B 超成像的质量低下，使得 B 超图像中某些灰度变化很小的特征被掩盖，因此将一些隐藏其中的重要细节信息模糊化了，特别是当斑点噪声坐落在图像的边缘时，时常被误认为是图像边缘的一部分，给边缘定位造成了一些麻烦，同时也加大了防水材料厚度 B 超图像分割的难度。

第三，聚类结果细化。图像的细化指的是在保持原有图形拓扑结构的情况下获得相应的曲线或弧等图形，而且这些图形位于原先物体几何中心的附近。图像细化简单地说就是在去掉原来的图像中一些点的同时，仍要保持目标区域的原先形状，经由细化操作可以使物体在保留原拓扑形状的同时将其细化为一条单像素宽的线。实际上，图像细化就是保持原图的骨架。不管区域呈现出什么形状，细化可以看作腐蚀的另一种类型的操作，在操作形态学细化过程中判断某个像素点或预留或剔掉，判断的依据是其八个相邻点的情况。

第四，细化结果的霍夫变换直线检测。把上一步中聚类结果的细化作为这一环节的输入，获得了上下亮条纹的线宽中心线（基本接近目标线条）。根据合作方对厚度测量结果精度的要求，采用霍夫变换直线检测实现防水材料厚度更为精确的定位。

霍夫变换是一种贯穿于不同空间之间的一种变换。设在图像空间有一个其轮廓可用代数方程表示的目标，代数方程中的参数分为图像空间坐标的变量和参数空间的变量两种。霍夫变换于图像空间和参数空间之间。霍夫变换是图像变换中比较常用的变换手段之一，旨在从图像中提取出具有某些相似特征的几何形状（如圆、椭圆、直线等）。和其他检测直线、圆的方法相比，霍夫变换在减少噪声干扰方面更为理想。经典的霍夫变换常被用在椭圆、圆、直线等检测当中。

第四节 建筑工程项目装饰和装修工程质量检测技术

目前，在我国的经济发展中，建筑行业已经成为重要支柱，同时也带动起室内装饰装修行业的发展。而想要确保室内装饰与装修的质量，就必须对装修的技术展开高效的管理，这样才能够将技术水平提高，促使室内的装饰装修更加美观，带给群众更为舒适的享受。

一、建筑工程项目室内装饰装修质量保证的重要性

（一）提升公司在市场中的竞争力

装饰装修行业目前在市场中的竞争正在不断加大。人们对生活品质的要求同样也呈现出多元化的状态，这便导致室内装饰与装修的需求越来越多。公司应在确保舒适度的同时满足各方面的复杂需求，保障外观装饰与经济收益不会出现太大的变化。我国在以往的装饰装修方式上，施工的内容较为繁杂，从而造成施工现场十分混乱，给装饰装修质量的保证带来难度。因此，加强对施工的管理，保证建筑工程项目室内装饰装修质量，有利于提升公司在市场中的竞争力。

（二）对施工质量有着显著的提升作用

最大化满足业主的需求，是当前室内装饰与装修所必须遵守的重要原则。建筑项目工程均存在着极为明显的不同，业主针对不同的建筑结构与类型，其需求也变得更加丰富、更加多元化。业主需求的不断增加与变化，也给室内装饰与装修工作带来了极大的难度。因此，对室内装饰与装修工作中的技术做出强化管理，并且对施工期间所存在的问题做出整理与分析，确立合理、科学且与建筑实际状况相符的方案，能够对室内装饰与装修工作的顺利进行与开展带来显著的维护作用。

二、建筑工程项目室内装修装饰质量保证的改进措施

（一）工程质量的预控与监测

在开展室内装饰与装修工作期间，开展预先管控与监测工作非常重要，是对项目质量做出保障的重要方式。实际的工作方法是：企业配有专业素养高、工作经验丰富的人才，从而对室内装饰与装修工作展开全程的监督与监测工作，从开展项目的设计开始，直至项目的收尾竣工，对其中所蕴含的施工前的准备工作、施工周期等各个环节展开细致的监督与管理，并且监管人员的分工需要明确，保障责任能够落实到个人，严格遵循我国所颁发的相关管理规定、标准，展开全过程的监测与监督工作。

（二）成立专门的质量检测部门

为了能够确保室内装饰装修工作的质量达到预期的效果，必须成立专门的质量检测部门，从而对项目的质量监管问题负责。部门的负责人应该是具备丰富经验且熟悉项目内容的人员，或直接由项目的总工程师担任。部门的成员应该包含项目各个环节的负责人及相关企业的负责人。在成立质量检测部门之后，还需要确立一个合理、科学的质量监督管理机制，并且与以往的经验相结合，对室内装饰与装修项目的整体质量展开细致的监督与管理。

三、建筑工程项目室内装饰装修技术管理的改进措施

（一）加强设计管理工作

室内的装饰与装修工作属于项目中的最后环节，同样也是一项非常繁杂的工作。在正式开展施工工作前，设计者需要与室内的实际状况、用途、业主的需求相结合，从而开展设计工作。在设计前，设计者需要对室内的图纸与结构充分了解，从而确保设计工作能够与结构要求相符，对设计的安全性做出保障。在设计工作开展期间，设计者应该与委托企业的相关负责人、施工企业的相关负责人进行详细的交流，确保设计能够与需求相符，施工企业能够将相应的工作完成，这便需要施工企业与设计者之间能够做好技术交底，防止在施工后期出现技术不到位的现象，从而对室内中的装饰与装修进度及效

果产生影响。

（二）加强电路设计

在建筑室内，电路是非常关键的组成部分之一，电路设计是否合理，对室内的实用性产生决定性的影响。确保电路设计能够达成良好的室内照明效果，是设计者必须格外关注且反复试验的重要问题。如果照明设计不够合理，将会导致光照太弱或太强，给业主带来一定的不适。在设计期间，需要将建筑的使用要求、功能作为依据，选取适宜的照明方式。例如：对于办公建筑，可以设计照明亮一些，确保群众工作期间对光的需求。为了能够将艺术性、美观性需求达成，设计者必须对整体建筑展开规划，合理设计电路，从而确保建筑更加具备舒适性。

综合上述分析来看，群众不仅对居住的条件有所要求，还对装饰装修的效果有高度的关注。在此基础上，只有加强室内装饰与装修技术的管理工作，才能够促进装修技术水平的提升，带来更具实用性、美观性的室内装饰，同样也为室内装饰装修企业带来更大的经济收益与社会声誉，使企业能够得到更加长远、稳健的发展。

参考文献

[1]索玉萍，李扬，王鹏.建筑工程管理与造价审计[M].长春：吉林科学技术出版社，2019.

[2]肖凯成，郭晓东，杨波.建筑工程项目管理[M].北京：北京理工大学出版社，2019.

[3]潘智敏，曹雅娴，白香鸽.建筑工程设计与项目管理[M].长春：吉林科学技术出版社，2018.

[4]卢驰，白群星.建筑工程招标与合同管理[M].北京：中国建材工业出版社，2019.

[5]陆总兵.建筑工程项目管理的创新与优化研究[M].天津：天津科学技术出版社，2019.

[6]何伟，高军，瞿然.建筑工程管理[M].海口：南方出版社，2019.

[7]郭彤.景军梅.张微.建筑工程管理与造价[M].长春：吉林科学技术出版社，2019.

[8]杨渝青.建筑工程管理与造价的 BIM 应用研究[M].长春：东北师范大学出版社，2018.

[9]刘先春.建筑工程项目管理[M].武汉：华中科技大学出版社，2018.

[10]王会恩，姬程飞，马文静.建筑工程项目管理[M].北京：北京工业大学出版社，2017.

[11]黄湘寒.建筑工程资料管理[M].重庆：重庆大学出版社，2018.

[12]张争强，肖红飞，田云丽.建筑工程安全管理[M].天津：天津科学技术出版社，2018.

[13]王永利，陈立春.建筑工程成本管理[M].北京：北京理工大学出版社，2018.

[14]王庆刚，姬栋宇.建筑工程安全管理[M].北京：科学技术文献出版社，2018.

[15]刘尊明，张永平，朱锋.建筑工程资料管理[M].北京：北京理工大学出版社，2018.

[16]刘勤.建筑工程施工组织与管理[M].银川：阳光出版社，2018.

[17]郭念.建筑工程质量与安全管理[M].武汉：武汉大学出版社，2018.

[18]殷为民，高永辉.建筑工程质量与安全管理[M].哈尔滨：哈尔滨工程大学出版社，2018.

[19]可淑玲，宋文学.建筑工程施工组织与管理[M].广州：华南理工大学出版社，2015.

[20]杨树峰.建筑工程质量与安全管理[M].北京：北京理工大学出版社，2018.

[21]李志兴.建筑工程施工项目风险管理[M].北京：北京工业大学出版社，2018.

[22]葛璠.建筑工程管理与实务[M].延吉：延边大学出版社，2018.

[23]李玉洁.基于 BIM 的建筑工程管理[M].延吉：延边大学出版社，2018.

[24]胡成海.建筑工程管理与实务[M].北京：中国言实出版社，2017.

[25]海晓凤.绿色建筑工程管理现状及对策分析[M].长春：东北师范大学出版社，2017.

[26]刘冰.绿色建筑理念下建筑工程管理研究[M].成都：电子科技大学出版社，2017.

[27]尹素花.建筑工程项目管理[M].北京：北京理工大学出版社，2017.

[28]曾虹，殷勇.建筑工程安全管理[M].重庆：重庆大学出版社，2017.

[29]胡戈，王贵宝，杨晶.建筑工程安全管理[M].北京：北京理工大学出版社，2017.

[30]孔祥兴，王鳌杰.建筑工程质量与安全管理[M].北京：中国轻工业出版社，2017.